航天科工出版基金资助出版

航空航天用铝合金材料
搅拌摩擦焊技术及应用

唐众民　李宝华　仇一卿

张建华　黄小年　龚炼红　著

中国宇航出版社

·北京·

图书在版编目（ＣＩＰ）数据

航空航天用铝合金材料搅拌摩擦焊技术及应用 / 唐众民等著 . -- 北京：中国宇航出版社，2019.11

ISBN 978 - 7 - 5159 - 1721 - 4

Ⅰ.①航… Ⅱ.①唐… Ⅲ.①航空材料－铝合金－摩擦焊②航天材料－铝合金－摩擦焊 Ⅳ.①V252.2 ②TG457.14

中国版本图书馆 CIP 数据核字(2019)第 265349 号

责任编辑　彭晨光　　　　**封面设计**　宇星文化

出　版 发　行	**中国宇航出版社**

社　址	北京市阜成路 8 号　**邮　编**　100830	**版　次**	2019 年 11 月第 1 版
	(010)60286808　　　(010)68768548		2019 年 11 月第 1 次印刷
网　址	www.caphbook.com	**规　格**	787×1092
经　销	新华书店	**开　本**	1/16
发行部	(010)60286888　　　(010)68371900	**印　张**	13.25
	(010)60286887　　　(010)60286804(传真)	**字　数**	322 千字
零售店	读者服务部　　　(010)68371105	**书　号**	ISBN 978 - 7 - 5159 - 1721 - 4
承　印	天津画中画印刷有限公司	**定　价**	80.00 元

本书如有印装质量问题，可与发行部联系调换

前　言

　　铝合金具有密度小、强度高、易加工成型、弹性好、抗冲击性能好、耐腐蚀、耐磨、表面易着色、可回收再生等良好的物理化学性能，是航空航天、交通运输、电力电子、石油化工等工业领域的重要结构材料之一，在航空航天等制造领域得到了广泛的应用。近些年来，随着航空航天型号系统向大型化、轻量化和高可靠性方向不断发展，产品结构整体机械性能和结构减重要求越来越高。一方面，设计对航空航天用铝合金材料提出了更高的要求，轻质高强度铝合金甚至铝-锂合金被不断应用；另一方面，产品结构设计采用整体结构设计理念，制造模式由传统的连接方式（如铆接、螺接等）向整体舱段制造成为必然趋势。

　　铝合金结构的电弧焊虽已经历半个多世纪的发展，但高强铝合金焊缝中的气孔、热裂纹等缺陷，焊接接头强度性能的损失，大型薄壁结构的焊接变形等一直是困扰焊接学术界及工程界的难题，始终未能得到解决。新材料的出现和广泛应用，必然会催生新的焊接工艺技术的诞生，搅拌摩擦技术的出现，基本上消除了电弧焊的缺陷，其卓越的技术优势、潜在的经济效益和社会效益已彰显于航空航天运载工具的成功推广应用上，如运载器的推进器结构，导弹弹体结构，飞机机身、机翼等结构。

　　搅拌摩擦焊技术是于1991年由英国焊接研究所发明并已获得世界范围专利保护的新型固相连接技术，也是世界焊接技术发展史上自发明到工业应用时间跨度最短且发展最快的一项神奇技术。搅拌摩擦焊作为一项革命性的新型连接制造技术，与传统的熔焊技术相比，它在控制焊接缺陷和变形、提高焊接接头强度、改善焊接接头的耐疲劳性能方面具有突出的优势。在航空航天制造业，搅拌摩擦焊技术为铝合金产品结构整体舱段制造提供了一种可以替代锻造、铸造、熔焊等传统技术的手段。

　　搅拌摩擦焊技术发明至今已有28年，无论在国外还是在国内，已经成功跨出试验研究阶段走向快速工业化应用，发展成为在铝合金结构制造中可以替代熔焊技术的工业化实用固相连接技术；这项新型焊接技术在航空航天飞行器、高速舰船快艇、高速轨道列车、汽车等轻型化结构以及各种铝合金型材拼焊结构制造中，已经展示出显著的技术和经济效益。

　　搅拌摩擦焊技术发展方兴未艾，其研究成果和学术论文汗牛充栋，但国内系统性介绍航空航天用铝合金材料搅拌摩擦焊方面的书籍并不多，因此，编写组编写了这本关于航空航天用铝合金材料搅拌摩擦焊技术和应用方面的专著，以便反映国内外航空航天用铝合金材料搅拌摩擦焊技术和应用的最新进展，帮助读者了解铝合金材料搅拌摩擦焊技术的基础知识。

参与本书编写工作的还有桑希军、聂绪胜、张亚军、燕翔、周振刚、张喜庆、王维新、施国宏、鄢江武、贺春影、乔凤林、李祥、孙立君、唐金凤等。

本书为铝合金材料搅拌摩擦焊技术专著，系统归纳总结航天领域铝合金材料搅拌摩擦焊技术研究和工程应用的最新成熟研究成果，力求新颖性、实用性、先进性、系统性和创新性，充分体现铝合金搅拌摩擦焊技术工艺研究新方法，采用典型的工程实例阐述工程应用的新成果，为广大科研院所、企事业单位工程技术人员提供理论基础和实践指导，也可供高等院校师生作为参考用书。

我们真诚希望本书能够为读者尤其是从事搅拌摩擦焊工艺的科研人员提供有益的帮助，但限于本书作者学识、能力和经验，书中不足之处在所难免，殷切希望读者批评指正。

编写组

目　录

第1章 铝合金材料分类及应用

1.1 铝合金材料的分类及性能

1.1.1 铝合金材料的分类

（1）纯铝

铝是一种密度小、塑性高、化学稳定性好的金属。纯铝呈银白色，具有良好的导热性、导电性和延展性。铝的化学性质很活泼，在自然条件下，铝表面会生成一层致密的氧化膜，由于氧化膜的导电率非常低，因此能够阻止阴极反应，提高了铝的抗腐蚀能力。

（2）铝合金的分类

纯铝比较软，富有延展性，易于塑性变形，但是其强度和硬度都很低，难以满足工程结构材料的使用性能要求。人们在生产实践中发现，若向铝（Al）中加入硅（Si）、铜（Cu）、镁（Mg）、锰（Mn）、锌（Zn）、锂（Li）等合金元素而形成铝合金，则具有较高的强度，使之适宜制造各种机械零件，再经过冷变形加工或热处理，还可以进一步提高强度。这些铝合金仍具有密度小、较高的比强度及良好的导热性等性能。

根据铝合金的成分和生产工艺特点，铝合金可分为变形铝合金和铸造铝合金。变形铝合金和铸造铝合金又可分为热处理型铝合金和非热处理型铝合金两大类，如图 1-1 所示。

铝与主要添加合金元素形成的二元相图绝大多数在富铝的一侧为有限固溶体，一般具有如图 1-2 所示的形式。在图 1-2 中可以直观划分变形铝合金和铸造铝合金的成分范围。状态图上最大饱和溶解度成分 D 点是这两类合金的理论分界线。溶质成分低于 D 点的合金，在加热到固溶线 FD 以上时，可以得到均匀的单相固溶体，其塑性变形能力较大，宜于进行锻造、轧制和挤压等压力加工，故称为变形铝合金。溶质成分高于 D 点的合金，由于有共晶组织的存在，其熔点低，因而流动性较好，有良好的铸造性能，因高温时强度也较高，可防止热裂现象，宜于进行铸造，故称为铸造铝合金。上述区分并非绝对，有些铝合金，特别是耐热铝合金，尽管溶质成分超过了最大溶解度 D 点，但仍可进行压力加工，故仍属变形铝合金。相反，溶质成分位于 FD 之间的一些合金，也可用于铸造成形，因此，D 点只是个理论上的分界线，不可绝对化。

（3）变形铝合金的分类

变形铝合金的分类方法很多，目前大部分国家通常按照以下三种方法进行分类：

1）按合金状态图和热处理特点分为：热处理强化型铝合金和非热处理强化型铝合金。这两类铝合金的理论分界线是室温下饱和固溶体的极限溶解度，凡溶质成分位于 F 点以左的合金，在固态铝中的溶解度极微（室温下不超过 0.03%）。纯铝中含有微量的

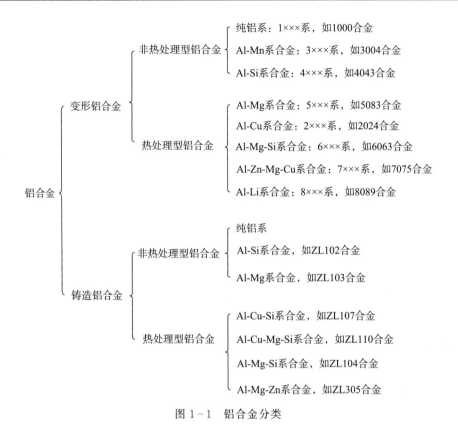

图1-1　铝合金分类

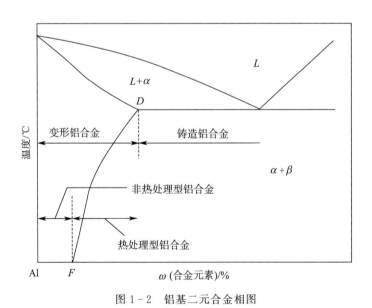

图1-2　铝基二元合金相图

铁，组织中就会出现硬而脆的化合物三铝化铁（FeAl₃），为粗针叶状晶体，使铝的强度和塑性显著降低。硅在铝中以硅晶体存在，呈针状或块状，可降低铝的力学性能。铝合金固溶体成分不随温度而变化，故不能借助于时效处理来强化，称为非热处理型铝合金。而溶质成分位于 F 点以右的合金，其固溶体成分随温度发生变化，可用淬火（固溶处理）及随后的时效处理强化合金，故称为热处理型铝合金。非热处理型铝合金如：纯铝、Al-Mn、Al-Mg、Al-Si 系合金。热处理型铝合金如：Al-Mg-Si、Al-Cu、Al-Zn-Mg 系合金。

2）按合金性能和用途分为：工业纯铝、光辉铝合金、切削铝合金、耐热铝合金、低强度铝合金、中强度铝合金、高强度铝合金（硬铝）、超高强度铝合金（超硬铝）、铸造铝合金及特殊铝合金等。

3）按合金中所含主要元素成分分为：工业纯铝（1×××系），Al-Cu 系合金（2×××系），Al-Mn 系合金（3×××系），Al-Si 系合金（4×××系），Al-Mg 系合金（5×××系），Al-Mg-Si 系合金（6×××系），Al-Zn-Mg-Cu 系合金（7×××系），Al-Li 系合金（8×××系）及备用合金组（9×××系）。

这三种分类方法各有特点，有时相互交叉、相互补充。在工业生产中，大多数国家按第三种方法，即按合金中所含主要元素成分的四位数码法分类。这种分类方法能较本质地反映合金的基本性能，也便于编码、记忆和计算机管理。我国目前也采用四位数码法分类。

变形铝合金牌号按照 GB/T16474—2011 规定，采用 2×××系～8×××系列表示。牌号第一位数字组别，按铜、锰、硅、镁、锌、其他元素的顺序来确定合金组别；牌号第二位的字母表示原始合金的改型情况，如果牌号第二位的字母是 A，则表示为原始合金，如果是 B～Y 的其他字母，则表示为原始合金的改型合金；牌号的最后两位数字没有特殊意义，仅用来区分同一组中不同的铝合金，例如 2A12（旧牌号 LY12）表示以铜为主要合金元素的铝合金。

（4）铸造铝合金的分类

铸造铝合金具有与变形铝合金相同的合金体系及相同的强化机理（除应变硬化外），同样可分为热处理强化型和非热处理强化型两大类。铸造铝合金与变形铝合金的主要差别在于：铸造铝合金中合金化元素硅的最大含量超过多数变形铝合金中的硅含量。铸造铝合金除含有强化元素之外，还必须含有足够量的共晶型元素（通常是硅），以使合金有一定的流动性，易于填充铸造时铸件产生的收缩缝。

目前，铸造铝合金在国际上无统一标准。各国（公司）都有自己的合金命名及术语，美国铝业协会的分类法如下：

1×××：控制非合金化的成分；

2×××：含铜且铜作为主要合金化元素的铸造铝合金；

3×××：含镁或铜的铝硅合金；

4×××：二元铝硅合金；

5×××：含镁且镁作为主要合金化元素的铸造铝合金，通常还含有铜、硅、铬、锰等元素；

6×××：目前尚未使用；

7×××：含锌且锌作为主要合金化元素的铸造铝合金；

8×××：含锡且锡作为主要合金化元素的铸造铝合金；

9×××：目前尚未使用。

尽管世界各国已开发出大量供铸造的铝合金，但目前基本的合金只有以下六类：Al - Cu 系合金；Al - Cu - Si 系合金；Al - Si 系合金；Al - Mg 系合金；Al - Zn - Mg 系合金；Al - Sn 系合金。

目前应用的铸造铝合金按照加入主要合金元素不同有 Al - Cu、Al - Si、Al - Mg、Al - Re、Al - Zn 五大系列。按照国标 GB/T8733—2007 规定，铸造铝合金的牌号用"铸铝"二字汉语拼音字首"ZL"后跟三位数字表示，第一位数字代表合金系列，1～5 依次代表 Al - Si、Al - Cu、Al - Mg、Al - Zn、Al - Re 合金系列，另外两位数字为合金顺序号。例如，ZL102 表示 02 号 Al - Si 系铸造铝合金。

1.1.2 铝合金材料的成分及性能

1.1.2.1 常用铝合金材料的牌号与化学成分

常用变形铝合金的牌号与化学成分见表 1 - 1，表中含量为单个数值者，铝为最低限，其他元素为最高限，参见国标 GB/T 3190 — 2008。常用铸造铝合金的牌号与化学成分见表 1 - 2。

1.1.2.2 常用变形铝合金材料的性能

变形铝合金可以用锻造、轧制、冲压、拉拔和挤压的方法进行压力加工。这种合金经热处理后，可以获得良好的力学性能，可用于制造板材、棒材、带材、型材、管材、线材以及其他各种冲压件、锻件等半成品或成品。变形铝合金在军工以及国民经济其他各部门均得了广泛的应用。

（1）1×××系铝合金

1×××系列产品是纯铝系列。其特征是具有优良的抗腐蚀性能、导电性、导热性及加工性，但是强度小，不适合用作结构材料，通过应变强化，可使工业纯铝强度明显提高，如图 1 - 3 所示。高纯铝（99.99% 以上）的主要工业用途是作高压电容铝箔，对杂质有极严格的要求。工业纯铝主要用作电导体、化工设备和日用品等耐蚀件，更主要的是用作铝合金的基体材料。工业纯铝中杂质含量最高可达 1%，随着纯度的降低，强度增加。

表 1-1　常用变形铝合金的牌号与化学成分

序号	牌号	化学成分（质量分数）/%											其他		Al
		Si	Fe	Cu	Mn	Mg	Cr	Ni	Zn		Ti	Zr	单个	合计	
1	1050	0.25	0.40	0.05	0.05	0.05	—	—	0.05	0.05V	0.03	—	0.03	—	99.50
2	1050A	0.25	0.40	0.05	0.05	0.05	—	—	0.07	—	0.05	—	0.03	—	99.50
3	1060	0.25	0.35	0.05	0.03	0.03	—	—	0.05	0.05V	0.03	—	0.03	—	99.60
4	2219	0.20	0.30	5.8~6.8	0.20~0.40	0.02	—	—	0.10	0.05~0.15V	0.02~0.10	0.10~0.25	0.05	0.15	余量
5	2024	0.50	0.50	3.8~4.9	0.30~0.9	1.2~1.8	0.10	—	0.25	—	0.15	—	0.05	0.15	余量
6	5056	0.30	0.40	0.10	0.05~0.20	4.5~5.6	0.05~0.20	—	0.10	—	—	—	0.05	0.15	余量
7	6060	0.30~0.6	0.10~0.30	0.10	0.10	0.35~0.6	0.05	—	0.15	—	0.10	—	0.05	0.15	余量
8	6061	0.40~0.8	0.7	0.15~0.40	0.15	0.8~1.2	0.04~0.35	—	0.25	—	0.15	—	0.05	0.15	余量
9	7050	0.12	0.15	2.0~2.6	0.10	1.9~2.6	0.04	—	5.7~6.7	—	0.06	0.08~0.15	0.05	0.15	余量
10	7075	0.40	0.50	1.2~2.0	0.30	2.1~2.0	0.18~0.28	—	5.1~6.1	—	0.20	—	0.05	0.15	余量
11	2A12	0.50	0.50	3.8~4.9	0.30~0.9	1.2~1.8	0.10	0.10	0.30	0.50 Fe+Ni	0.15	—	0.05	0.10	余量
12	2A14	0.6~1.2	0.70	3.9~4.8	0.40~1.0	0.40~0.8	—	—	0.30	—	0.15	—	0.05	0.10	余量
13	2A70	0.35	0.9~1.5	1.9~2.5	0.20	1.40~1.8	—	0.9~1.5	0.30	—	0.02~0.10	—	0.05	0.10	余量
14	5A06	0.40	0.40	0.10	0.50~0.8	5.8~6.8	—	—	0.20	0.0001~0.005Be	0.02~0.10	—	0.05	0.10	余量
15	7A04	0.50	0.50	1.4~2.0	0.20~0.6	1.8~2.8	0.10~0.25	—	5.0~7.0	—	0.10	—	0.05	0.10	余量
16	7A09	0.50	0.50	1.2~2.0	0.15	2.0~3.0	0.16~0.30	—	5.1~6.1	—	0.10	—	0.05	0.10	余量

表 1-2 常用铸造铝合金的牌号与化学成分

序号	合金牌号	主要合金元素含量，$\omega/\%$
1	ZL101	Mg 0.2～0.4、Si 6.0～8.0
2	ZL102	Si 10.0～13.0
3	ZL103	Mg 0.35～0.6、Si 4.5～5.5、Mn 0.6～0.9、Cu 1.5～3.0
4	ZL104	Mg 0.17～0.3、Si 8.0～10.5、Mn 0.2～0.5
5	ZL105	Mg 0.35～0.3、Si 4.5～5.5、Cu 1.0～1.5
6	ZL201	Mn 0.6～1.0、Cu 4.5～5.3
7	ZL202	Mn 0.6～1.0、Cu 4.8～5.3、Ti 0.15～0.35
8	ZL203	Cu 4.0～5.0
9	ZL301	Mg 9.5～12.5
10	ZL302	Mg 10.5～13.0、Si 0.8～1.2、Be 0.03～0.07、Ti 0.05～0.15
11	ZL303	Mg 4.5～5.5、Si 0.8～1.3、Mn 0.1～0.4
12	ZL401	Mg 0.15～0.25、Si 1.0～2.0、Mn 0.9～1.2、Cu 3.0～3.4、Re 4.4～5.0、Ni 0.2～0.3、Zr 0.15～0.25
13	ZL501	Zn 7.0～12.0、Mg 0.1～0.3、Si 6.0～8.0

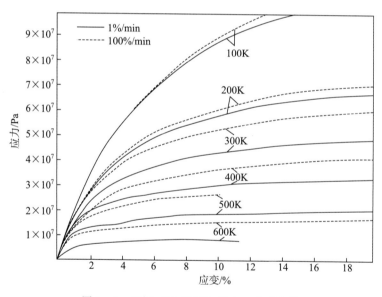

图 1-3 纯铝（99.99%）应力-应变曲线

1×××系铝合金的典型室温力学性能、热学性能、电学性能见表 1-3～表 1-5。

表 1-3　典型 1××× 系铝合金的室温力学性能

合金	状态	条件屈服强度 $A_{p0.2}$/MPa	抗拉强度 σ_b/MPa	伸长率 δ/%	硬度/HB	抗剪强度/MPa	疲劳强度/MPa
1050	O	28	76	39	—	62	—
	H14	103	110	10	—	69	—
	H16	142	131	8	—	76	—
	H18	145	159	7	—	83	—
1060	O	28	69	43	19	48	21
	H12	76	83	16	23	55	28
	H14	90	97	12	16	62	34
	H16	103	110	8	30	69	45
	H18	124	131	6	35	76	45

表 1-4　典型 1××× 系铝合金的热学性能

合金	液相线温度/℃	固相线温度/℃	线膨胀系数 温度/℃	线膨胀系数 平均值/[μm·(m·K)$^{-1}$]	体膨胀系数/[m^3·(m^3·K)$^{-1}$]	比热容/[J·(kg·K)$^{-1}$]	热导率/[W·(m·K)$^{-1}$] O 状态	热导率/[W·(m·K)$^{-1}$] H18 状态
1050	657	646	−20～20 20～100 20～200 20～300	21.8 23.6 24.5 25.5	68.1×10^{-6} (20 ℃)	900 (20 ℃)	231 (20 ℃)	—
1060	657	646	−50～20 20～100 20～200 20～300	21.8 23.6 24.5 25.5	68.1×10^{-6} (20 ℃)	900 (20 ℃)	234 (20 ℃)	—

表 1-5　典型 1××× 系铝合金的电学性能

合金	20℃体积电导率/%IACS		20℃电阻率/(nΩ·m)		20℃电阻温度系数/(nΩ·m·K^{-1})		电极电位/V
1050	61.3	—	28.1	—	0.1		
1060	62	61	27.8	8.3	0.1	0.1	−0.84

（2）2××× 系铝合金

2××× 系铝合金属于热处理强化型铝合金，铜是该系合金的主要合金元素，由于含有较多的铜，此系合金的耐蚀性较差，而且在某些情况下会受到晶间腐蚀，若要置于容易腐蚀的场合，须另外做防蚀处理。该系铝合金焊接性能也较差，在结合时，主要是用铆接、螺栓结合、电阻焊接。但这一系列中多数合金具有优良的切削性能，特别是添加铅（Pb）、铋（Bi）的 2011 合金，常用来制造机械零件。

铜在铝合金中有一定的固溶强化作用，二铝化铜（CuAl$_2$）有明显的时效强化作用。

Al‐Cu 合金中铜含量为 2%～10%，在 4%～6% 时强化效果最好，使合金的强度和硬度提高，但是伸长率略有下降。Al‐Cu 合金具有明显的时效特性，在工业中大多数应用含有其他元素的多元 Al‐Cu 合金。

向 Al‐Cu 合金中添加的主要元素为镁。镁可以提高 Al—Cu 合金的自然时效后的力学性能，特别是对人工时效后强度性能的提高尤为显著，不过伸长率有较大降低。Cu 与 Mg 的比例不同，形成的强化相及其比例也不同。随着 $\omega(Cu)/\omega(Mg)$ 的减小，所形成强化相的变化趋势如下：

$$\underset{CuAl_2}{\overleftarrow{\hspace{3cm}}}8:1\underset{CuAl_2\ CuMgAl_2}{\overleftarrow{\hspace{3cm}}}4:1\underset{CuMgAl_2}{\overleftarrow{\hspace{3cm}}}1.5:1\underset{CuMg_4Al_6}{\overrightarrow{\hspace{3cm}}}$$

$\theta(CuAl_2)$ 和 $S(CuMgAl_2)$ 为该系合金的主要强化相，以 S 相的过渡相（S'）的强化效果最好，θ 相的过渡强化相 θ' 稍次，合金中同时出现 S' 和 θ' 时，强化效果最大，S' 还有较好的耐热性能。当 $4<\omega(Cu)/\omega(Mg)<8$ 时，可同时形成 $CuAl_2$ 和 $CuMgAl_2$。对于镁含量低的 Al‐4%Cu‐0.5%Mg（质量）合金，杂质铁及硅的含量一定要搭配好，以免形成 Cu_2FeAl_7，而不形成 $\alpha-AlFeSi$，降低热处理效果。

Al‐Cu‐Mg 合金系列，即硬铝系列，是变形铝合金中十分重要的一类，其合金成分除了包括主合金元素 Cu、Mg 之外，还含有微量元素 Mn、Cr、Ti、Ag、Ni 以及杂质元素 Fe 和 Si 等。2×××系合金通常都含有少量的锰，主要是为了消除铁的有害影响和提高耐蚀性。锰能阻止铝合金的再结晶过程，提高再结晶温度，并能显著细化再结晶晶粒，改善合金可焊性能。此外，锰还能延迟和减弱 Al‐Cu‐Mg 合金的人工时效过程，提高合金的耐热强度。在 Mn 和 Mg 的含量都增加时，合金的强度增加，但伸长率却有所下降。在铝合金中还没有这样一个合金元素能使合金的强度与塑性都达到最高值。银能提高其强度，镍改善其高温性能。

钛是铝合金中常用的添加元素，主要作用是细化铸造组织和焊缝组织，减小开裂倾向，提高材料力学性能。钛加入铝中形成 Al_3Ti，与熔体产生包晶反应而成为非自发核心，起细化作用。Al‐Ti 系产生包晶反应时钛的临界含量约为 0.15%。钛由于加量较少，一般见不到含钛相。

1939 年发明的 2024 合金广泛用于航空航天领域，给飞机结构和性能带来了巨大的变化。为了提高 2024 合金性能，美国从 20 世纪 70 年代以来，通过降低 Fe、Si 杂质含量，改变或添加微量合金元素，开发了 2124、2048、2419、2224、2324、2424 等一系列新合金，并通过热处理工艺的调整，使合金的断裂韧性和抗应力腐蚀性能明显提高。2524 合金是到目前为止断裂韧性与疲劳性能最高的高强度铝合金，用于制造欧洲空中客车公司的 A380 型客机。2×××系铝合金的电学性能见表 1‐6。

表 1 - 6　2×××系铝合金的电学性能

合金	20℃体积电导率/ %IACS	20℃电阻率/ (nΩ · m)	20℃电阻温度系数/ (nΩ · m · K⁻¹)	电极电位/V
2011	T3,T4:39 T8:45	T3,T4:44 T8:38	T3,T4,T8:0.1	T3,T4:−0.39 T8:−0.83
2014	O:50 T3,T4,T451:34 T6,T651,T652:40	O:34 T3,T4,T451:51 T6,T651,T652:43	O,T3,T7,T451,T6, T651,T652:0.1	T3,T7,T451:−0.68 T6,T651,T652:−0.78
2017	O:50,158 %IACS(质量) T:34,108 %IACS(质量)	O:0.035(Ω · mm²/m) T4:0.05(Ω · mm²/m)	—	—
2024, Alclad 2024	O:50;T3,T36,T351, T361,T4:30;T6,T81, T851,T861:38	O:34;T3,T36,T351, T361,T4:30;T6,T81, T851,T861:45	各状态:0.1	T3,T4,T361:−68 T6,T81,T861:−0.80 Alclad 2024:−0.83
2036	O:50;T4:41	O:33;T4:42	O,T4:0.1	−0.75
2048	T851:42	T851:40	—	—
2124	O:50;T851:39	O:34.5	O,T851:0.1	T851:−0.80
2218	T61:38;T72:40	T61:45;T72:43	T61,T72:0.1	—
2219, Alclad 2219	O:44 T31,T37,T351:28 T62,T81,T87,T851:30	O:39 T31,T37,T351:62 T62,T81,T87,T851:57	各状态:0.1	T31,T37,T351:−0.64 T62,T81,T87,T851:−0.80
2319	O:44	O:39	2.94×10⁻³(K⁻¹)	—
2618	T61:37	T61:47	T61:0.1	—
2A01	T4:40	T4:39	—	—
2A02	—	T4:55	—	—
2A06	—	T6:61	—	—
2A10	—	T6:50.4	—	—
2A11	O:45;T4:30	O,T4:54	—	—
2A12	O:50;T4:30	O:44;T4:73	—	—
2A14	T6:40	T6:43	—	—
2A16	T6:61		—	—
2A17	T6:54		—	—
2A50	—	T4:41	—	—
2A60	—	T4:43	—	—
2A70	—	T6:55	—	—
2A80	—	T6:50	—	—
2A90	—	T6:47	—	—

（3）3×××系铝合金

3×××系铝合金为非热处理不可强化的铝合金，含有的主要元素是 Mn。此系合金的最大优点是具有良好的耐蚀性能和焊接性能,在中性介质中耐蚀性能稍次于铝,在其他介质中的耐蚀性能与纯铝接近。其原因是 $MnAl_6$ 的电极电位与纯铝相近,且锰对表面氧化膜不起破坏作用,同时还可以消除铁的有害影响,此外,锰的加入还可通过固溶强化和加工硬化以提高合金强度和再结晶温度,减少含铁相的脆化作用。向 Al-Mn 合金添加少量的铜,可由点腐蚀变成全面的均匀腐蚀,使合金耐蚀性能得到进一步改善。

3×××系铝合金的热学性能、电学性能及力学性能见表 1-7～表 1-9。

表 1-7　3×××系铝合金的热学性能

合金	液相线温度/℃	固相线温度/℃	线膨胀系数		体膨胀系数/$[m^3 \cdot (m^3 \cdot K)^{-1}]$	比热容/$[J \cdot (kg \cdot K)^{-1}]$	热导率/$[W \cdot (m \cdot K)^{-1}]$
			温度/℃	平均值/$[\mu m \cdot (m \cdot K)^{-1}]$			
3003	654	643	−50～20 20～100 20～200 20～300	21.5 23.2 24.1 25.1	67×10^{-6} (20 ℃)	893 (20 ℃)	O:193 H12:163 H14:159 H18:155
3004	654	629	−50～20 20～100 20～200 20～300	21.5 23.2 24.1 25.1	67×10^{-6} (20 ℃)	893 (20 ℃)	O:162
3105	657	638	−50～20 20～100 20～200 20～300	21.8 23.6 24.5 25.5	68×10^{-6} (20 ℃)	897	173
3A21	654	643	−50～20 20～100 20～200 20～300	21.6 23.2 24.3 25.0	1 092(100 ℃) 1 176(200 ℃) 1 302(300 ℃) 1 302(400 ℃)	25 ℃,H18:156 25 ℃,H14:164 25℃,O:181 100 ℃,181 200 ℃,181 300 ℃,185 400 ℃,H18:189	

表 1-8　3×××系铝合金的电学性能

合金	电导率/%IACS		20 ℃电阻率/(nΩ·m)		20 ℃时各种状态电阻温度系数/(nΩ·m·K^{-1})	电极电位/V
	状态		状态			
3003	O H12 H14 H18	50 42 41 40	O H12 H14 H18	34 41 42 43	0.1	未包铝及包铝合金芯层的:−0.83 7072 合金包铝层的:−0.96

续表

合金	电导率/%IACS		20 ℃电阻率/(nΩ·m)		20 ℃时各种状态电阻温度系数/(nΩ·m·K⁻¹)	电极电位/V
	状态		状态			
3004	O	42	O	41	0.1	未包铝的及包铝合金芯层的：−0.81 7072 合金包铝层的：−0.96
3105	O	45	O	38.3	0.1	−0.84
3A21	O H14 H18	50 41 40		34	0.1	−0.85

表 1-9　3×××系铝合金的力学性能

温度/℃	3003 合金				3004 合金			
	状态	σ_b/MPa	$A_{p0.2}$/MPa	δ/%	状态	σ_b/MPa	$A_{p0.2}$/MPa	δ/%
	O				O			
−200		230	60	46		290	90	38
−100		150	52	43		200	80	31
−30		115	45	41		180	69	26
25		110	41	40		180	69	25
100		90	38	43		180	69	25
200		60	30	60		96	65	55
300		29	17	70		50	34	80
400		18	12	75		30	9	90
	H14				H34			
−200		250	170	30		360	235	26
−100		175	155	19		270	212	17
−30		150	145	16		245	200	13
25		150	145	16		240	200	12
100		145	130	16		240	200	12
200		96	62	20		145	105	35
300		29	17	70		50	34	80
400		18	12	75		30	19	90
	H18				H18			
−200		290	230	23		400	295	20
−100		230	210	12		310	267	10
−30		210	190	10		290	245	7
25		200	185	10		280	245	6
100		180	145	10		275	245	7

续表

温度/℃	3003 合金				3004 合金			
	状态	σ_b/MPa	$A_{p0.2}$/MPa	δ/%	状态	σ_b/MPa	$A_{p0.2}$/MPa	δ/%
200		96	62	18		150	105	30
300		29	17	70		50	34	80
400		18	12	75		30	19	90

（4）4×××系铝合金

4×××系合金属于 Al - Si 系合金，这个系列的合金一般不可热处理强化，硅能以较大含量（12%）加到铝中。含硅量约为 5% 的合金，经阳极氧化后表面呈深灰至炭黑色。Al - Si 变形合金主要是加工成焊料，用于焊接镁含量不高的所有变形铝合金和铸造铝合金；其次是加工成锻件，制造活塞和在高温下工作的零部件。用于轧制钎焊板的变形铝合金的硅含量可达 12%。

4032 合金既有铸造铝合金的特性，又有变形铝合金的特点，添加硅后可抑制它的膨胀性，改善其耐磨性，如再添加一些 Cu、Sn、Ni、Mg 等会改善其耐热性，常作为耐磨材料制作活塞及在高温工作的其他零件。4043 合金硅含量约为 5.2%，其熔解温度低，可当做焊材。此外，这种合金因其 Si 粒子分散，在阳极氧化处理后颜色呈灰色状，曾用来做大楼外观格架。

4×××系铝合金的热学性能、电学性能见表 1 - 10 和表 1 - 11。

表 1 - 10 4×××系铝合金的热学性能

合金	液相线温度/℃	固相线温度/℃	线膨胀系数		体膨胀系数/$[m^3 \cdot (m^3 \cdot K)^{-1}]$	比热容/$[J \cdot (kg \cdot K)^{-1}]$	热导率/$[W \cdot (m \cdot K)^{-1}]$	
			温度/℃	平均值/$[\mu m \cdot (m \cdot K)^{-1}]$			O 状态	T6 状态
4032	571	532	20 −50～20 20～100 20～200 20～300	— 18.0 19.5 20.2 21.0	56×10^{-6}	864	155	141
4043	630	575	20～100	22.0	—	—	—	—

表 1 - 11 4×××系铝合金的电学性能

合金	20℃体积电导率/%IACS		20℃电阻率/$(n\Omega \cdot m)$		20℃时各种状态电阻温度系数/$(n\Omega \cdot m \cdot K^{-1})$		电极电位/V
	O 状态	T6 状态	O 状态	T6 状态	O 状态	T6 状态	
4032	40	36	43.1	47.9	0.1	0.1	—
4043	42	—	41				

（5）5×××系铝合金

5×××系铝合金属于不可热处理强化的铝合金，应用较广，Mg 是该系合金中的主要合金元素，当 Mg 为主要元素或与 Mn 一起加入时，能形成具有中等强度或高强度的可加工硬化合金。这个系列的合金具有良好的焊接性能和加工性能，并在海洋空气中具有良好的抗蚀性能，又称为"防锈铝"。

镁在铝中的最大固溶度可达 17.4%，含 Mg 最低的 5A43 合金中，Mg 含量为 0.6%～1.4%，最高的 5A13 合金中的 Mg 含量达到 9.2%～10.5%，世界上常用变形 Al - Mg 合金中 Mg 含量为 0.8%～5.2%。Mg 在 Al 中可形成 β（Mg_2Al_3）相，起弥散强化作用。随着 Mg 含量的提高，合金强度提高、塑性下降。当 Mg 含量大于 3.5% 时，第二相 β（Mg_5Al_8、Mg_2Al_3）往往沿晶界、亚晶界析出，第二相 β 相对基体 α（Al）来说是阳极，优先发生腐蚀，使合金具有很大的晶间腐蚀和应力腐蚀敏感性。在 Al - Mg 合金拉伸或成形过程中，会出现拉伸变形条纹，即产生吕德斯带，这与应力—应变曲线上观察到的不连续、不平滑现象有关，Al - Mg 合金薄板对吕德斯带特别敏感，为了防止拉伸变形条纹的产生，可用表面光轧或辊轧校平等轻微塑性变形而使位错脱离溶质气团来解决。

Al - Mg 合金中通常还加入少量或微量的 Mn、Cr、Be、Ti 等。Mn 除少量固溶外，大部分形成 $MnAl_6$，可使含 Mg 相沉淀均匀，不但提高合金强度，还使合金抗应力腐蚀能力进一步增强。Mn 提高合金强度的效果比 Mg 大，而且合金的稳定性更高，同时 Mn 还可以提高再结晶温度，抑制晶粒长大，但 Mn 含量多时，提高强度不多，反而使塑性显著降低，尤其是有微量 Na 存在的情况下，在热轧时会产生"钠脆"现象，所以，此系合金中 Mn 含量均小于 1.0%。某些合金添加一定含量的 Cr（如 5052 合金），不仅有一定的弥散强化作用，同时还可以改善合金的抗应力腐蚀能力和焊接性能，降低焊接裂纹倾向，但其含量一般不超过 0.35%。加入 Ti 主要是细化晶粒。加入微量的 Be（0.0001%～0.005%），主要是提高合金氧化膜的致密性，降低熔炼烧损，减少铸锭的裂纹倾向，改善加工产品的表面质量。Fe、Si、Cu、Zn 等为杂质元素，应严格控制在标准规定的范围内。在铝合金中加入微量稀土元素，可以显著改善铝合金的金相组织，细化晶粒并去除铝合金中气体和有害杂质，减少铝合金的裂纹源，从而提高铝合金的强度，改善加工性能，还能改善铝合金的耐热性和韧性。稀土元素的加入使得稀土铝合金成为一种性能优良、用途广泛的新型材料。研究表明，稀土含量为 0.15%～0.25% 时，它不仅能细化晶粒，而且能有效地控制粗晶组织的粗化，对后续加工有利。稀土 Ce 的加入使 Al - Mg 合金的晶粒细化，晶界面积增大，宏观韧性增强，合金的疲劳寿命大大增加（1 倍多），且裂纹扩展速度减缓，试样裂纹更多地穿晶扩展。在 Al - Mg 合金中采用 Se 和 Zr 复合微合金化可显著提高合金的强度，其抗拉强度和规定非比例延伸强度增量分别达到 84 MPa 和 91 MPa。

5×××系铝合金电学性能见表 1 - 12。

表 1-12　5×××系铝合金电学性能

合金	20℃体积电导率/%IACS		20℃电阻率/(nΩ·m)		20℃时各种状态电阻温度系数/(nΩ·m·K⁻¹)		电极电位/V
	O 状态	H38 状态	O 状态	H38 状态	O 状态	H38 状态	
5050	50	50	34	34	0.1	0.1	−0.83
5052	35	35	49.3	49.3	0.1	0.1	−0.85
5056	29	27	59	64	0.1	0.1	−0.87
5083	29	29	59.5	59.5	0.1	0.1	−0.91
5086	31	31	56	56	0.1	0.1	−0.86
5154	32	32	53.9	53.9	0.1	0.1	−0.86
5182	31	31	55.6	55.6	0.1	0.1	—
5252	35	35	49	49	0.1	0.1	—
5254	32	32	54	54	0.1	0.1	−0.86
5356	29	—	59.4	—	0.1	0.1	−0.87
5454	34	34	51	51	0.1	0.1	−0.86
5456	29	29	59.5	59.5	0.1	0.1	−0.87
5457	46	46	37.5	37.5	0.1	0.1	−0.84
5652	35	35	49	49	0.1	0.1	−0.85
5657	54	54	32	32	0.1	0.1	—
5A02	40	40	47.6	47.6	0.1	0.1	—
5A03	35	35	49.6	49.6	0.1	0.1	—
5A05	64	64	—	—	0.1	0.1	—
5A06	26	26	71	71	0.1	0.1	—
5A12	—	—	77	77	0.1	0.1	—

（6）6×××系铝合金

6×××系铝合金的主要合金元素是 Mg 与 Si，强化相为 Mg_2Si，Mg 与 Si 的质量比为 1.73:1，可形成 Al-Mg_2Si 伪二元系。但是在生产实践中难以恰好保持此比例，所以，大部分合金不是 Mg 含量过剩，就是 Si 含量过剩。当 Mg 含量过剩时，会明显减少 Mg_2Si 的固溶度而降低沉淀强化效果，使强度与成形性降低，但合金的抗蚀性好；而适当的 Si 过剩可以细化 Mg_2Si，同时 Si 沉淀后具有强化效果，合金的强度高，但成形性能及焊接性能较低，过量的 Si 易在晶界偏析引起合金脆化，降低塑性，加入 Cr 和 Mn 有利于减小过剩 Si 的不良作用。有时还添加少量的 Cu 或 Zn，在提高合金强度的同时又不会使其抗蚀性有明显降低；导电材料中有少量的 Cu，以抵消 Ti 及 V 对导电性的不良影响；Zr 或 Ti 能细化晶粒与控制再结晶组织；为改善可切削性能，可加入 Pb 与 Bi。

Al-Mg-Si 系铝合金的主要组织组成物除 α 固溶体外，还有强化相 Mg_2Si，如果合金含有 Cu 与 Si，则除了 Mg_2Si 外，还可能形成 $Cu_2Mg_8Si_6Al_5$，即至少有一部分 Mg_2Si 被 $Cu_2Mg_8Si_6Al_5$ 取代，后者也有一定的时效硬化能力，同时使合金有自然时效能力。在无

Mn 与无 Cr 的合金中，Fe 以 $FeAl_3$，$FeAl_6$，$FeMg_3Si_6Al_8$ 等形式存在；在含有 Mn 和 Cr 的合金中，铁与它们形成复杂的化合物。Zn 溶于固溶体中；B、Ti 及 Zr 的量很小，一般不至于形成可见的化合物。该系合金在固溶处理后的时效过程中，其沉淀顺序为：S（过饱和固溶体）→含大量空位的针状 G. P. 区→内部有序的针状 G. P. 区→棒状的 β'→Mg_2Si 过渡相→板状 β→Mg_2Si 平衡相。G. P. 区平行于 Al 基体的（100）方向，在针状相的周围存在共格应变。

经过几十年的实践应用和筛选，证明 6063、6082、6061 和 6005 等 4 种合金及其变种已经占据了 6××× 系铝合金的统治地位（80% 以上），它们涵盖了抗拉强度从 180～360 MPa 整个范围内的所有合金。该系合金中应用最广的是 Mg、Si 含量低且通常不含 Mn、Cr 等的合金，如多用作挤压材料的 6060 及 6063 型合金，它们具有最佳的综合性能与经济性。合金中 Fe 的最佳含量为 0.15%～0.20%，若含量更低，则晶粒粗大；若含量更高，对材料的表面处理性能则不利，会使表面亮度降低，甚至出现暗斑、条纹及其他表面缺陷。此类合金除了形成强化相 Mg_2Si 外，还有一定量的过剩 Si，即 $Mg/Si<1.73$。设计该类合金的指导思想是：首先，为满足结构的要求，抗拉强度应达到 230 MPa；其次，要有良好的工艺性能。根据经验，其冷却方式最好是先以强大的气流冷却到 250 ℃，冷却速度为 350～500 ℃/h，之后停留 0.5 h，再用水冷却至 50 ℃。

6082 铝合金虽然应用不如 6063 广泛，但由于其具有较高的强度、良好的耐热性能和加工性能而有独到的应用领域。广泛应用于航空航天及汽车工业的主要结构材料、大型焊接结构件、航海用零件及模具加工用坯料，以车身的型材为例，具有广阔的应用前景。其合金中 Mg 与 Si 的含量比为 0.5:1.71，除主要强化相 Mg_2Si 外，还有过剩的 Si，Mg_2Si 的含量在 0.95%～1.9% 之间，抗拉强度可达 300 MPa 左右。

6××× 系铝合金的热学性能、电学性能及力学性能见表 1-13～表 1-15。

表 1-13　6××× 系铝合金的热学性能

合金	液相线温度/℃	固相线温度/℃	线膨胀系数		体膨胀系数/[m^3·(m^3·K)$^{-1}$]	比热容/[J·(kg·K)$^{-1}$]	热导率/[W·(m·K)$^{-1}$]		
			温度/℃	平均值/[μm·(m·K)$^{-1}$]			O 状态	T4 状态	T6 状态
6006	654	607	20～100	23.4	—	—	167(T5)		141
6009	650	—	−50～20	21.6	67×10^{-6} (20 ℃)	897 (20 ℃)	205 (20 ℃)	172 (20 ℃)	180 (20 ℃)
			20～100	23.4					
			20～200	24.3					
			20～300	25.2					
6010	650	585	−50～20	21.5	67×10^{-6} (20 ℃)	897 (20 ℃)	202 (20 ℃)	151 (20 ℃)	180 (20 ℃)
			20～100	23.2					
			20～200	24.1					
			20～300	25.1					
6061	652	582	20～100	23.6	—	896 (20 ℃)	180 (20 ℃)	154 (25 ℃)	167 (25 ℃)

表 1-14　6×××系铝合金的电学性能

合金	20℃体积电导率/%IACS			20℃电阻率/(nΩ·m)			20℃时各种状态电阻温度系数/(nΩ·m·K⁻¹)			电极电位/V
	O状态	T4状态	T6状态	O状态	T4状态	T6状态	O状态	T4状态	T6状态	
6005	—	49(T5)	—	—	35(T5)	—	—	—	—	—
6009	54	44	47	31.9	39.2	36.7	0.1	0.1	0.1	—
6010	53	39	44	32.5	44.2	39.2	0.1	0.1	0.1	—
6061	47	40	40	—	—	—	—	—	—	—
6063	58	50(T1) 55(T5)	43(T6、T83)	30	35(T1) 32(T5)	33(T6、T83)	—	—	—	—
6066	40	—	37	43	—	47	0.1	0.1	—	—
6070	—	—	44	—	—	39	—	—	—	—
6101	59(T61) 58(T63)	60(T64) 58(T65)	57	29.2(T61) 29.7(T65)	28.7(T64) 29.7(T65)	30.2	0.1	0.1	0.1	—
6151	54	42	45	32	41	38	0.1	0.1	0.1	−0.83
6201	45(T1)	49(T5)	—	37(T1)	35(T5)	—	—	—	—	—
6262	44(T9)	—	—	39(T9)	—	—	—	—	—	—
6351	—	—	46	—	—	38	—	—	0.1	—
6463	50(T1)	55(T5)	53(T6)	34(T1)	31(T5)	33(T6)	—	—	0.1	—
6A02	55	45	—	—	—	—	—	—	—	—

表 1-15　典型 6×××系铝合金型材的力学性能

合金和状态	σ_b/MPa	$A_{p0.2}$/MPa	δ/%
6063-T₄	170	90	22
6063-T₅	185	145	12
6063-T₆	240	215	22
6061-T₄	240	145	12
6061-T₆	310	275	22
6013-T₆	393	365	11
6005-T₅	262	241	9
6066-T₆	395	359	12
6070-T₆	335	241	8
6205-T₅	310	290	11

（7）7×××系铝合金

7×××系铝合金包括 Al-Zn、Al-Zn-Mg 和 Al-Zn-Mg-Cu 合金。含 Zn 的变形铝合金由于存在很强的应力腐蚀裂纹敏感性未能获得商业应用。直至 20 世纪 40 年代初，研究者才发现在 Al-Zn-Mg 合金基础上加入 Cu、Mn、Cr 等元素能显著改善该系合金抗应力腐蚀和抗剥落腐蚀的性能，从而开发出 7075 合金。70 年代以后，在 7075 合金的基础上，开发出了几种新合金。例如，为了提高强度，通过增加 Zn、Mg 元素含量，开发出 7178 合金；为了提高塑性和锻件的均匀性，通过降低 Zn 含量，开发出 7079 合金；为了获得良好的综合性能，通过调整 ω（Zn）/ω（Mg）和提高 Cu 含量及以 Zr 代 Zn，研制出 7050 合金。在 7050 合金基础上，通过降低 Fe、Si 杂质含量和利用纯净化手段，开发出了韧性和抗应力腐蚀性能更好的 7175 合金和 7475 合金。90 年代中期，北京航空材料研究所采用常规半连续铸造法试制出 7A55 超高强铝合金，后来又开发出强度更高的 7A60 合金。近年来，国内外均在大力开发高强、高韧、高均匀的新一代高强铝合金，以满足航空、航天等行业的需求。

向含量为 3%～7.5% 的 Zn 合金中添加 Mg，可形成强化效果显著的 Mg_2Zn，使合金的热处理效果远远胜过 Al-Zn 二元合金。提高合金中的 Zn、Mg 含量，抗拉强度虽然会得到进一步的提高，但其抗应力腐蚀和抗剥落腐蚀的能力却显著降低。为此，需通过成分调整和热处理工艺控制来平衡这两方面的矛盾。在成分方面，由于抗拉强度和应力腐蚀开裂敏感性都随 Zn、Mg 含量的增加而增加，因此，对 Zn、Mg 总量应加以控制，同时应注意 ω(Zn)/ω(Mg) 的范围。有资料指出：ω(Zn)/ω(Mg) = 2.7～2.9 时，合金的应力腐蚀开裂抗力最大。

在 Al-Zn-Mg 合金基础上加入 Cu 所形成的 Al-Zn-Mg-Cu 系合金，其强化效果在所有铝合金中是最好的，合金中的 Cu 大部分溶入 $\eta(MgZn_2)$ 相和 $T(Al_2Mg_3Zn_3)$ 相内，少量溶入 $\alpha(Al)$ 内。

一般来说，Zn、Mg、Cu 总量在 6% 以下时，合金成形性能良好，应力腐蚀开裂敏感性基本消失。合金元素总量在 6%～8% 时，合金能保持较高的强度和较好的综合性能。合金元素总量在 9% 以上时，强度高但成形性、可焊性、抗应力腐蚀性能、缺口敏感性、韧性、抗疲劳性能等均会明显降低。

7×××系铝合金的热学性能、电学性能及 7175 合金在不同温度下的典型力学性能见表 1-16～表 1-18。

表 1-16　7×××系铝合金的热学性能

合金	液相线温度/℃	固相线温度/℃	线膨胀系数		体膨胀系数/[m³·(m³·K)⁻¹]	比热容/[J·(kg·K)⁻¹]	20 ℃热导率/[W·(m·K)⁻¹]		
			温度/℃	平均值/[μm·(m·K)⁻¹]			O	T53、T63、T5351、T6351	T6
7005	643	604	−50～20 20～100 20～200 20～300	21.4 23.1 24.0 25.0	67.0×10⁻⁶ (20 ℃)	875 (20 ℃)	166	148	137
7039	638	482	20～100	23.4	—	—	125～155		
7049	627	588	20～200	23.4		960 (100 ℃)	154 (25 ℃)		

续表

| 合金 | 液相线温度/℃ | 固相线温度/℃ | 线膨胀系数 | | 体膨胀系数/[m³·(m³·K)⁻¹] | 比热容/[J·(kg·K)⁻¹] | 20 ℃热导率/[W·(m·K)⁻¹] | | |
			温度/℃	平均值/[μm·(m·K)⁻¹]			O	T53、T63、T5351、T6351	T6
7050	635	524	−50～20 20～100 20～200 20～300	21.7 23.5 24.4 25.4	68.0×10⁻⁶	860 (20 ℃)	180	154(T76、T7651)	157(T736、T73651)
7072	657	641	−50～20 20～100 20～200 20～300	21.8 23.6 24.5 25.5	68.0×10⁻⁶	—	227	—	—
7075	635	477			68.0×10⁻⁶	960 (100 ℃)	130(T6、T62、T651、T652)	150(T76、T7651)	155(T73、T7351、T7352)
7175	635	477	−50～20 20～100 20～200 20～300	21.6 23.4 24.3 25.2	68.0×10⁻⁶	864 (20 ℃)	177	142	155(T736、T73652)
7178	629	477	−50～20 20～100 20～200 20～300	21.7 23.5 24.4 25.4	68.0×10⁻⁶	856 (20 ℃)	180	127(T6、T651)	152(T76、T7651)
7475	635	477	−50～20 20～100 20～200 20～300	21.6 23.4 24.3 25.2	68.0×10⁻⁶ (20 ℃)	865 (20 ℃)	177	155(T61、T651)142；155(T761、T7651)163(T7351)	—
7A03	—	—	20～100 100～200 200～300 300～400	21.9 24.85 28.87 32.67	—	714 (100 ℃) 924 (200 ℃) 1 050 (300 ℃)	150 (25 ℃) 160 (100 ℃) 164 (200 ℃) 168 (300 ℃)	— — — —	— — — —

续表

| 合金 | 液相线温度/℃ | 固相线温度/℃ | 线膨胀系数 | | 体膨胀系数/[m³·(m³·K)⁻¹] | 比热容/[J·(kg·K)⁻¹] | 20 ℃热导率/[W·(m·K)⁻¹] | | |
			温度/℃	平均值/[μm·(m·K)⁻¹]			O	T53、T63、T5351、T6351	T6
7A04	—	—	20~100 20~200 20~300	23.1 24.3 24.1 26.2	—	—	155 (25 ℃) 160 (100 ℃) 164 (200 ℃) 164 (300 ℃) 160 (300 ℃)	—	—

表 1-17　7×××系铝合金的电学性能

| 合金 | 20℃体积电导率/%IACS | | | 20℃电阻率/(nΩ·m) | | | 20℃时各种状态电阻温度系数/(nΩ·m·K⁻¹) |
	O 状态	T53、T5351 T63、T6351 状态	T6 状态	O 状态	T53、T5351 T63、T6351 状态	T6 状态	
7005	43	38	35	40.1	45.4	49.3	0.1
7039	32~40			—	—		0.1
7049	40			43			0.1
7050	47	39.5(T76、T7651)	40.5(T73、T73651)	36.7	43.6(T76、T7651)	42.6(T736、T73651)	0.1
7072	60	—	—	28.7	—	—	0.1
7075	33(T6、T62、T651、T652)	38.5(T76、T7651)	40(T73、T7351、T7352)	52.2(T6、T62、T651 T652)	44.8(T76、T7651)	43.1(T73、T7351、T73652)	0.1 0.1
7175	45	36(T66)	40(T736、T73652)	37.5	47.9(T66)	43.1(T736、T73652)	0.1
7178	46	32(T6、T651)	39(T76、T7651)	37.5	53.9(T6、T651)	44.2(T76、T7651)	0.1
7475	46	36(T61、T651);42(T7351)	40(T761、T7651)	37.5	47.9(T61、T651);41.1(T7351)	43.1(T761、T7651)	0.1
7A03	—	—	—44.0(T4)	—	—	0.1	
7A04	30(T4)	—	—	42.0(T4)	—	—	0.1

表 1-18　7075 合金在不同温度下的典型力学性能

温度/℃	抗拉强度①/MPa	屈服强度①/MPa	伸长率②/%	温度/℃	抗拉强度①/MPa	屈服强度①/MPa	伸长率②/%
	T6、T651 状态				T73、T7351 状态		
-196	703	634	9	-196	634	496	14
-80	621	545	11	-80	545	462	14
-28	593	517	11	-28	524	448	13
24	572	503	11	24	503	434	13
100	483	448	14	100	434	400	15
149	214	186	30	149	214	186	30
204	110	87	55	204	110	90	55
260	76	62	65	260	76	62	65
316	55	45	70	316	55	45	70
371	41	32	70	371	41	32	70

注：①在所示温度负载保温 10 000 h 测得的最低力学性能，先以 35 MPa/min 的应力施加速度使试验至屈服强度，而后以 5%/min 的应变速度拉至断裂。

②标注 50 mm。

1.1.2.3　常用铸造铝合金材料的性能

铸造铝合金具有良好的铸造性能、抗腐蚀性能和切削加工性能，可制成各种形状复杂的零件，并可通过热处理改善铸件的力学性能。同时由于熔炼工艺和设备比较简单且成本低，尽管力学性能不如变形铝合金，但在航空航天、船舶、汽车、电器、仪器仪表等工业领域都得到广泛应用。

（1）Al-Si 系铸造铝合金

Al-Si 系铸造铝合金是一种以硅为主要合金元素的二元或多元合金，一般 Si 的质量分数在 4%～22%，是铸造铝合金中品种最多、使用量最大的一类工业铸造铝合金，具体化学成分可参考标准 GB/T1173 和 GB/T15115。这类铝合金具有优良的铸造性能、较高的气密性、良好的耐蚀性和中等的机械加工性能，还具有中等的强度和硬度。此系合金密度低、线收缩率较小，但是塑性较低，适于铸造在常温下工作、形状复杂的零件。按照合金中 Si 含量的多少，可将其分为共晶铝硅合金（ZL102、YL102、ZL108、YL108 和 ZL109）、过共晶铝硅合金（ZL117 和 YL117）和亚共晶铝硅合金（其余合金）。按照用途和生产方式将其分为一般铸造用铝合金和压力铸造用铝合金，分别简称为铸造铝合金和压铸铝合金。

二元 Al-Si 系合金虽然有良好的铸造性能、优良的气密性和耐磨性，但强度较低，耐热性能差，往往加入其他合金化元素以改善其性能，在 Al-Si 系二元合金中加入适量的 Mg，可显著提高其强度。因加入 Mg 后，可生成 Mg_2Si 相，因而可以通过热处理使合金强化。在 Al-Si 系合金中同时加入 Mg 和 Cu，比单独加入其中一种元素所获得的热处理效果要好。在 Al-Si-Mg 系中加入 Cu，随着 Cu 含量的增加，合金强度显著增加，伸长率下降，而耐热性能提高。这是因为 Cu 含量增加时，合金中 β（Mg_2Si）相逐渐减少，

而出现 W（$Al_xMg_5Si_4Cu_4$）相和 θ（$CuAl_2$）相。Al-Si-Mg 系合金未加 Cu 时，其组织为（$\alpha+Si+\beta$）相，加 Cu 后，除上述三相外还将出现 W 相，Cu 含量增加，W 相也增加，当 Cu/Mg 质量比约 2.1 时，β 相将消失，而成为（$\alpha+Si+W$）三相组织，当 Cu/Mg 质量比大于 2.1 时，除（$\alpha+Si+W$）外还将出现 θ 相。W 相耐热性最好，β 相耐热性最差。由于希望出现比 β 相耐热的 θ 相，因此常将 Cu/Mg 质量比保持在 2.5 左右。

（2）Al-Cu 系铸造铝合金

Al-Cu 系铸造铝合金是一种以 Cu 为主要合金元素的二元或多元合金，一般 Cu 的质量分数在 3%～11%，其主要强化相是 $CuAl_2$，由于 Cu 起固溶强化和析出硬化作用，使该系合金在室温和高温下具有高强度和高热稳定性，是各类合金中强度最高的一类，而且该系合金具有良好的机械加工、阳极化、电镀和抛光等工艺性能以及良好的焊接性能，是耐热性能最好的铸造铝合金。其主要缺点是铸造性能较差，耐蚀性能差，气密性低，密度和热裂倾向大，线膨胀系数也较大。该系合金的重要用途是铸造柴油发动机活塞和航空发动机缸盖等，其应用范围仅次于 Al-Si 系铸造铝合金。具体化学成分参考标准 GB/T 1173—2013。

当 Cu 的质量分数在 4%～5% 时，合金的热裂倾向最大，超过这个含量时热裂倾向降低。Cu 含量一般控制在 5% 左右，过低则强化不足，过高则在固溶处理后的组织中存在未溶的 $CuAl_2$，会降低合金的塑性。Cu 含量约为 10% 的 $CuAl_2$ 铸造铝合金，多用于高温下强度和硬度要求高的零件。在该系合金中添加 Mn，可提高其耐热性能。Mn 溶入 α 固溶体后，阻碍 Cu 原子的扩散，同时可生成 $Al_{12}CuMn_2$ 相，通过热处理使合金强化。加入 Ni 也可提高其耐热性能，通常还加入 Ti 或稀土元素以细化晶粒。

（3）Al-Mg 系铸造铝合金

Al-Mg 系铸造铝合金中 Mg 的质量分数为 4%～11%，该系合金具有较高的力学性能（较高的强度、良好的延展性和韧性）和切削加工性能，其加工表面光亮美观。且由于 Mg 的密度比 Al 小，故这类合金是现有铝合金中密度最小的，其耐蚀性能优异，是铸造铝合金中耐蚀性能最好的，可在海洋环境中服役，但长期使用时有产生应力腐蚀的倾向。该系合金主要缺点是铸造性能差，特别是熔炼时容易氧化和形成氧化夹渣，需要采用特殊的熔炼工艺。Mg 含量高的这类合金有自然时效倾向，除用作耐蚀合金外，也用作装饰用合金。

在 Al-Mg 系合金中加入微量的 Be，可大大增加合金熔体表面氧化膜的致密度，提高合金熔体表面的抗氧化性能，从而改善熔铸工艺，并能显著减轻铸件厚壁处的晶间氧化和气孔，减轻降低力学性能的壁厚效应。加入微量的 Zr、B、Ti 等晶粒细化剂，能明显细化晶粒，并有利于补缩，使 β 相更为细小，以提高热处理效果。晶粒细化剂可以单独使用，其中 Zr 的作用最强。

（4）Al-Zn 系铸造铝合金

Zn 在 Al 中的最大固溶度达 70%，室温时降至 2%，室温下没有化合物，因此在铸造条件下 Al-Zn 系合金能自动固溶处理，随后自然时效或人工时效可使合金强度显著提高，节省了热处理工序。这类合金的缺点是铸造性能和耐蚀性能较差，密度大（2.9～3.1 g/cm³），耐高温性能差，铸造时容易产生热裂，因而其应用范围受到限制。该类合金可采用砂型模铸造，特别适宜压铸，主要用作压铸仪表壳体类零件。

Al-Zn 系铸造铝合金主要有 ZL401，ZL401Y 和 ZL402，其化学成分参考标准 GB/T 1173—2013。二元 Al-Zn 系合金由于强度不高，铸造性能不好，耐蚀性很差，需进一步合金化，加 Si 可进一步固溶强化，在 Al-Zn-Si 系合金（如 ZL401）中加入 Mg，形成 Al-Zn-Mg 系合金（如 ZL402），强化效果明显。合金中加入 Cr 和 Mn，可使 $MnZn_2$ 相和 T 相均匀弥散析出，提高强度和抗应力腐蚀能力。Al-Zn 系铸造铝合金中加 Ti 和 Zr 可以细化晶粒。

（5）其他铸造铝合金

①Al-Re 系铸造铝合金

Al-Re 系铸造铝合金是在铸造铝合金中加入质量分数为 4.4%～5% 的混合稀土、3%～3.4% 的 Cu、1.6%～2.0% 的 Si、0.15%～0.25% 的 Zr 和 0.005%～0.06% 的 B 等元素，可使铝合金的耐热性能大幅度提高，是铸造铝合金中耐热性能最好的合金，适宜在 400 ℃ 高温下持续较长时间工作，同时还具有良好的铸造性能和气密性，不易产生热裂和疏松，可采用金属型铸造形状复杂的零件。其缺点是室温力学性能较差，成分较复杂，应用上受到一定限制。

目前稀土金属在铸造铝合金中应用的是质量分数为 4.4%～5% 的富 Ce 混合稀土。合金在 T1 状态下使用，处理工艺为加热至（200±5）℃，保温 10～15 h，空冷。砂型铸造后经 T1 工艺处理，其抗拉强度可大于 167 MPa，屈服强度为 156 MPa，伸长率大于 0.5%，硬度大于 70 HBW。采用金属型铸造后经 T1 工艺处理，其力学性能提高得更为显著，适用于 400 ℃ 下工作的零件。

加入稀土的铸造铝合金，其优越的性能受到广泛重视，在工业上的应用日益增多，例如上海内燃机研究所和上海活塞厂研制生产的 66-1 稀土铝合金活塞，其金相组织中除有普通的多元铝硅合金中的组成相外，还出现了块状和条状的铝硅稀土化合物中间相，它区别于硬脆的针状（$Al_9Si_2Fe_2$）β 相，对铸件脆性影响较小，具有较高的强度和硬度，在高温下具有优良的热强性，提高了合金的室温和高温强度，降低了线膨胀系数，对提高活塞的耐磨性和使用寿命有良好的效果。加入适量的稀土元素，还能对共晶硅起变质作用，改善合金的铸造性能，减少疏松和气孔的形成，可获得优质铸件。

②Al-Li 系铸造铝合金

Al-Li 系铸造铝合金的主要优点是密度小，弹性模量高，可以减轻结构件重量，增大构件的刚度（10%～15%），此外还可以降低疲劳扩展速率，但有关 Al-Li 系铸造铝合金的研究和使用还比较少。

③铸造铝基复合材料

铸造铝基复合材料具有比强度高、比模量高、耐磨、耐高温、膨胀系数低、密度低、高温蠕变性优良和疲劳强度高等特征，是目前主要投入工业应用的金属基复合材料

（MMC）。铝基复合材料的增强添加物主要有 SiC、TiC、Al_2O_3、C 颗粒、晶须或纤维。液态金属搅拌铸造法是现在工业生产颗粒增强铝基复合材料主要采用的方法之一，分为漩涡法、复合铸造法和 Duralcon 法三种工艺。

铝基复合材料常用的基体合金有工业纯铝、变形铝合金中的 $2\times\times\times$ 系、$6\times\times\times$ 系（适用于耐蚀和加工性）和 $7\times\times\times$ 系（适用于高强度），以及铸造铝合金的 Al-Si 系。一般不采用含有 Mn 和 Cr 的铝合金，以避免生成脆性化合物。铝基复合材料的性能是由成形的 SiC 的刚度、强度和耐磨性与铝合金的韧性共同作用的，其强度值在一定程度上取决于 SiC 颗粒分布的均匀性，而 SiC 的均匀性又取决于铸件凝固速度。快速凝固时可使 SiC 分布均匀，再经历 T6 工艺处理后可获得良好的综合力学性能，与一般铸造铝合金相比，其耐磨性可提高 2.5 倍，屈服强度可提高 66%，而在 333 ℃时可提高 200% 以上。铝基复合材料在熔炼过程中必须进行搅拌，以防止 SiC 分布不均而导致力学性能的恶化和裂纹的产生。

1.2　铝合金材料的应用

铝合金具有较高的比强度、比刚度、断裂韧性、疲劳强度，同时还保持了纯铝良好的成形工艺性能和高耐蚀稳定性，成为重要的工程结构材料，广泛应用于航空航天、坦克舰艇、机械、船舶、电子、电力、汽车、建筑等生产行业。常用变形铝合金材料的应用见表1-19。

表 1-19　常用变形铝合金材料的应用

合金系列	材料	性能特点	主要应用
$1\times\times\times$ 系	纯铝	密度小、塑性高、耐蚀性好、电导率和热导率高	用于不受力的构件和要求高可塑性、高焊接性、高耐蚀性或高热/电导性的构件，如飞机通风系统零件、导线保护导管、垫片等
$2\times\times\times$ 系	2A12 2024	属硬铝合金，热处理强化后强度较高，成形及机械加工性能良好，高温下软化倾向小，耐蚀能力较差，点焊性能良好而熔焊性能较差	航空、航天工业中使用最广泛的合金，用于制造飞机的主要受力构件，如蒙皮、隔框、翼肋、翼梁、骨架零件
	2A70	属锻铝合金，可热处理强化，耐热性高，使用温度可达 200～250 ℃，冷热加工性能较好，焊接性能适中	是用于制造航天飞行器舱段端框、蒙皮、承力构件、航空发动机活塞、叶轮、轮盘、压气机叶片等
	2A14	属锻铝合金，可热处理强化，强度较高，塑性中等，耐蚀性较差，焊接性能较高，深冷条件下不呈脆性	用于制造形状复杂的自由锻件和模锻件，还可用于大型框架、桥梁、大型外壳、货车构件，以及铆钉和其他构件
$3\times\times\times$ 系	3A21	属 Al-Mn 系非热处理强化铝合金，强度低，退火后塑性高，焊接性高，耐蚀性很高，切削性能较差	用于制作航空油箱、导管、冲压件、铆钉等

续表

合金系列	材料	性能特点	主要应用
4×××系	4043	属非热处理强化铝合金,熔解温度低,经阳极氧化后表面呈深灰至炭黑色	用于制作焊材,还用于焊接镁含量不高的所有变形铝合金和铸造铝合金;可用来做大楼外观格架;此外,还可制造活塞和在高温下工作的零部件
5×××系	5A06	属非热处理强化铝合金,强度中等,退火时塑性较好,易于氩弧焊接,耐蚀性能良好,冷作硬化可提高强度,但抗应力腐蚀性能降低	广泛用于航空航天的蒙皮、端盖等钣金零件,还用于建筑材料、装饰和装饰镶边、罐头和罐头盖、家用电器、街灯标准件、船舶构件、低温燃料箱组、吊车部件及汽车结构件等
6×××系	6063	属中等强度的可热处理强化 Al－Mg－Si 系合金,耐蚀性能较好,成形性能好	建筑型材、灌溉管材,车辆、台架、升降机、家具、栅栏用型材,以及飞机、船舶、建筑物装饰材料等构件
7×××系	7A04	合金强度高,塑性较低,对应力集中的敏感性强,耐热性较差,抗应力腐蚀性能差	广泛用于飞机结构的主要受力件,如大梁、桁条、隔框、蒙皮、接头、起落架等,可制作各种轧制品、挤压制品和锻件
	7A09 7075	属高强度变形铝合金,综合性能较好,成形性能良好,耐热性和抗应力腐蚀性能较 7A04 好	用于飞机结构的各种重要用途的受力件,如整体壁板、机身端框、作动筒、起落架、机翼前梁对接框支臂以及航天器的加强接头、横梁等

第 2 章 铝合金材料搅拌摩擦焊工艺

2.1 搅拌摩擦焊技术工作原理

搅拌摩擦焊是一种绿色的固相连接方法，其原理如图 2-1 所示。在搅拌摩擦焊焊接过程中，将带轴肩的特殊搅拌工具旋转着缓慢插入被焊接工件的待焊接处，被焊接工件需要有背部衬垫并牢固固定，以防止焊接过程搅拌头因力的作用而使工件分离，搅拌头和被焊接材料之间因摩擦剪切阻力产生摩擦热，摩擦热使搅拌头邻近区域的材料受热变软从而热塑化，当搅拌头受到驱动沿着待焊接面向前移动时，热塑化的材料由搅拌头的前部向后部转移，并且在搅拌头轴肩的锻造作用下，实现工件之间的固相连接。

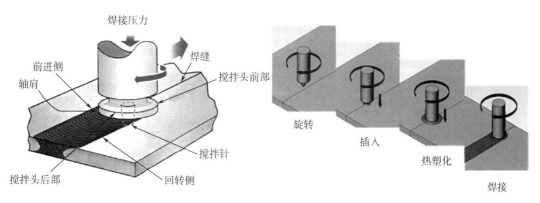

图 2-1 搅拌摩擦焊原理示意图

搅拌摩擦焊焊接过程一般分为以下阶段：搅拌头旋转→缓慢插入→摩擦生热、塑化被焊接金属→施加顶锻压力，实施焊接。

搅拌摩擦焊特点：

1）搅拌摩擦焊是固相焊接，接头性能优异；

2）搅拌摩擦焊类似机床工具焊接技术，过程简单；

3）搅拌摩擦焊温度低、焊缝应力低、变形小；

4）搅拌摩擦焊是自动化焊接工艺，生产效率高；

5）搅拌摩擦焊是节能、节材、环保及绿色焊接技术。

2.2 搅拌摩擦焊设备

搅拌摩擦焊设备是搅拌摩擦焊技术的载体和施焊工具，焊接时必须对工件焊接的规范参数精确控制。搅拌摩擦焊技术主要包括位移控制技术、压力控制技术、扭矩控制技术、适时干预控制技术、机/液复合主轴技术、主轴润滑冷却技术、复杂参数传感技术、复合焊接技术等。

搅拌摩擦焊技术的实现离不开焊接设备，在设备开发和研制方面，已走过从通用设备改造到专用搅拌摩擦焊设备研制的过程。在搅拌摩擦焊技术研究早期，人们利用通用设备，特别是利用铣床或者数控铣床进行搅拌焊接可行性或焊接机制研究，如今，先进的搅拌摩擦焊设备技术包括：激光焊缝寻踪、激光起点寻找、轻触式对刀、柔性工艺控制技术、无匙孔回填式技术、全数控空间三维焊接技术，如图2-2所示。

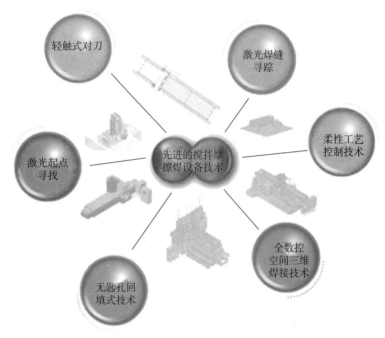

图2-2　先进的搅拌摩擦焊设备技术

目前，已有各类专用搅拌摩擦焊设备，研究方向除了固定式搅拌摩擦焊设备外，还出现了各类移动式小型摩擦焊设备，同时也有对虚拟轴搅拌摩擦焊设备的研究。

2.2.1　固定式搅拌摩擦焊设备

在搅拌摩擦焊设备研制开发中，绝大部分专用设备为固定式搅拌摩擦焊设备，从小型悬臂式到大型龙门式搅拌摩擦焊设备已成系列，焊接构件从样件焊接研究到小型构件实际生产直至大型构件焊接，应用领域涵盖航天器制造、飞机船舶的轻金属构件焊接、电子设备制造、民用设备制造等。搅拌摩擦焊设备应有较为宽泛的材料适应性，对于不同材料和厚度的构件焊接，要有以试验验证为基础的搅拌头结构尺寸、焊接参数、运动参数等焊接工艺和操作规范，并可进行非线性焊接。如美国的MTS系统公司开发了液压驱动搅拌摩擦焊设备；西雅图的MCE技术公司则生产了商业化的搅拌摩擦焊专用设备；美国通用电气公司首次制造出了带有真空夹紧装置的搅拌摩擦焊设备；英国、瑞典等国则分别制造了龙门式搅拌摩擦焊设备；北京赛福斯特技术有限公司（中国搅拌摩擦焊中心）亦制造有多种搅拌摩擦焊设备。

2.2.2　移动式搅拌摩擦焊设备

对于一些小型构件的焊接，特别是在维修及应急抢修中，固定式搅拌摩擦焊设备的应用存在一定困难，要求设备使用方便、灵活、便携，因此需要对移动式搅拌摩擦焊设备进行研究。由于搅拌摩擦焊是在一定工作压力作用下，在适当的搅拌头转速和焊接进给速度下，靠摩擦热使焊接材料产生塑性流动从而实现固相连接，因此，移动式搅拌摩擦焊设备的工艺和参数与固定式有所区别。由于设备的便携性要求使得其驱动装置为小功率动力驱动或手动移动，因此移动式搅拌摩擦焊设备研究要首先保证焊接过程的稳定性，以保证焊接接头的性能稳定。鉴于此，对移动式搅拌摩擦焊设备的研究，要解决的问题主要有：如何使高功率动力装置小型化、如何确定适合的搅拌头结构形状及尺寸、如何制定科学的搅拌焊接工艺规范等。移动式搅拌摩擦焊设备的研究将扩大搅拌摩擦焊技术的应用范围。

2.2.3　虚拟轴搅拌摩擦焊设备及复杂曲面焊接技术

随着信息技术和计算机技术的进步，现代设计技术及加工技术也有了飞速的发展，多轴（五轴、六轴）联动及虚拟轴技术已广泛应用于现代产品加工，航空航天、交通运输等现代产品的轻金属合金及非金属结构框架连接也迫切需要虚拟轴搅拌摩擦焊设备，伴随着复杂曲面焊接技术需求的扩大，虚拟轴搅拌摩擦焊设备的研究必将成为搅拌摩擦焊技术研究的另一个热点。

图 2-3 所示为小型台式搅拌摩擦焊设备，可以焊接厚度为 6 mm、长度为 800 mm 的平板纵缝，以及直径＜300 mm 的筒体环缝。

图 2-4 所示为大型悬臂搅拌摩擦焊设备，可以焊接厚度为 20 mm、长度为 1 700 mm 的平板纵缝，以及直径＞2 000 mm 的筒体环缝。

图 2-5 所示为通用龙门式搅拌摩擦焊设备，可以焊接厚度为 10 mm、长度为 3 000 mm、宽度＜900 mm 的平板纵缝。

图 2-6 所示为大型龙门式搅拌摩擦焊设备，可以焊接厚度为 25 mm、长度为 3 000 mm、宽度为 2 500 mm 的平板纵缝，以及直径＜3 000 mm 的筒体环缝。

图 2-7 所示为二维曲线龙门式搅拌摩擦焊设备，可以焊接厚度为 12～20 mm、长度为 3 000 mm、宽度为 2 500 mm 的平面二维焊缝。

图 2-8 所示为 B 型分体式搅拌摩擦焊设备，可以焊接厚度为 25 mm、长度为 2 000 mm、直径为 600～1 700 mm 的筒体环缝。

图 2-9 所示为垂直立式搅拌摩擦焊设备，可以焊接厚度为 12 mm、长度为 2 000 mm、直径＞2 000 mm 的筒体纵缝。

图 2-3　小型台式搅拌摩擦焊设备

图 2-4　大型悬臂搅拌摩擦焊设备

图 2-5　通用龙门式搅拌摩擦焊设备

图 2-6　大型龙门式搅拌摩擦焊设备

图 2-7　二维曲线龙门式搅拌摩擦焊设备

图 2-8　B 型分体式搅拌摩擦焊设备

图 2-9　垂直立式搅拌摩擦焊设备

图 2-10 所示为 U 式重型搅拌摩擦焊设备，可以焊接厚度为 10～40 mm、长度为 6 000 mm、宽度＞12 000 mm 的平板大厚度纵缝。

图 2-10　U 式重型搅拌摩擦焊设备

图 2-11 所示为单悬臂大型贮箱搅拌摩擦焊设备，可以焊接厚度为 8 mm、长度为 2 500 mm、直径＞3 350 mm 的运载火箭贮箱纵缝、环缝。

图 2-11　单悬臂大型贮箱搅拌摩擦焊设备

图 2-12 所示为梁式宽幅型材搅拌摩擦焊设备，可以焊接厚度为 15 mm、长度为 18 000 mm、筋高＜150 mm 的宽幅型材纵缝。

图 2-12　梁式宽幅型材搅拌摩擦焊设备

图 2-13 所示为框式汽车轮毂搅拌摩擦焊设备，可以焊接厚度为 8 mm、长度为 1 500 mm 的铝合金轮毂筒体产品纵缝。

图 2 - 13　框式汽车轮毂搅拌摩擦焊设备

动龙门式搅拌摩擦焊设备，主体结构包括：基座床身、工作台、动立柱、横梁及主轴头等部件。作为龙门式搅拌摩擦焊设备的一种，区别于其他龙门式焊接设备的主要特征在于：焊接立柱和龙门机头等部件装配成为一体，沿着床身两侧的导轨运动，该类型搅拌摩擦焊设备主要用于有效焊接长度＞6 000 mm 的零件纵缝焊接。

动龙门式搅拌摩擦焊设备一般用于飞机、舰船和列车车体的大型壁板类零件的焊接，但是如果零件的宽度尺寸较大，就要求动龙门立柱间的龙门跨距增大，当中间宽度＞2 500 mm 时，焊接设备的龙门两侧需要采用两台电机同步驱动，才能保证焊接过程运动平稳和顺利进行。

图 2 - 14 所示为北京赛福斯特技术有限公司（中国搅拌摩擦焊中心）2010 年研制的大型数控单机头动龙门式搅拌摩擦焊设备。该设备主要用于宽度为 3 500 mm、长度为 25 000 mm 的高速列车车体壁板的搅拌摩擦焊，设备有效焊接长度达到 28 000 mm，可以实现铝合金车体的弧形顶板、侧板和地板的中空型材焊接。

图 2 - 15（a）所示为北京赛福斯特技术有限公司为南车集团株洲电力机车有限公司自主设计研发的世界最长的动龙门搅拌摩擦焊设备（FSW - 3DLM - 012 型），实现了车体大部件（包括地板、侧墙、车顶板、端墙）的搅拌摩擦焊焊接，为我国列车制造工业提供了可靠的技术保障。图 2 - 15（b）为 FSW - 3DLM - 012 型动龙门搅拌摩擦焊设备生产现场，设备总长度为 52 500 mm，有效焊接长度达 48 000 mm，成为目前国际搅拌摩擦焊设备中有效焊接长度之最。FSW - 3DLM - 012 型动龙门搅拌摩擦焊设备采用先进的 SIMENS CNC 控制系统、交流伺服驱动器和伺服电机，同时集成了双驱动＋双电机消隙、机头自动 A 轴摆角、工件冷却功能、主轴冷却系统和中央间歇式自动润滑系统，确保设备能够长时间连续、流畅地运转，提高设备焊接精准度和导轨、丝杠等设备部件的使用寿命，使其最大效率地投入到生产一线，是目前最先进的搅拌摩擦焊设备系统。针对列车长

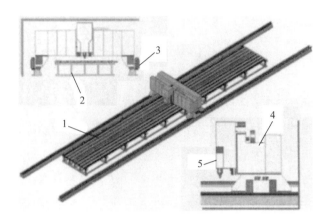

图 2-14　大型数控单机头动龙门式搅拌摩擦焊设备

1—列车壁板；2—焊接工装；3—动龙门驱动；4—侧立柱；5—焊接机头

地板等大部件制造技术的要求，FSW-3DLM-012型动龙门搅拌摩擦焊设备集成世界领先的激光焊缝跟踪系统［图2-15（c）］、恒压力柔性控制以及自动定位装夹等系统，确保搅拌摩擦焊焊接过程的连续性和稳定性。FSW-3DLM-012型动龙门搅拌摩擦焊设备采用双工位自动化工装设计，单个工位零件由操作者集中控制装夹，大大简化了操作过程，极大地提高了列车生产的效率，在保证其焊接精度的同时，使其操作更加方便。

（a）动龙门搅拌摩擦焊设备(FSW-3DLM-012型)

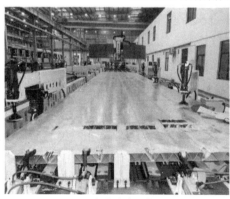

（b）生产现场　　　　　　　　　　　　（c）激光焊缝跟踪系统

图 2-15　动龙门搅拌摩擦焊设备

2013 年 9 月，北京赛福斯特技术有限公司为南京某航天制造企业成功交付一台大型双梁动龙门重载搅拌摩擦焊设备（FSW - 5DLM - 2030 型，如图2 - 16 所示），用于大型火箭结构产品的生产制造。该台搅拌摩擦焊设备能够完成 X、Y、Z、A、B 五轴全伺服控制及联动功能，单道可实现 30 mm 厚大型筒体/锥体结构件的焊接，是目前中国焊接厚度最大的数控动龙门搅拌摩擦焊设备，又一次创造了大型数控动龙门搅拌摩擦焊设备的纪录。

图 2 - 16　大型双梁动龙门重载搅拌摩擦焊设备（FSW - 5DLM - 2030 型）

2.2.4　机器人搅拌摩擦焊的应用

全世界在役的工业机器人大约有一半以上用于各种焊接生产。焊接机器人具有高效、质量稳定且通用性强等优点。焊接过程的柔性化、自动化、智能化已成为先进焊接装备的重要发展趋势。焊接机器人正经历着由单机示教再现型向多传感、智能化的柔性机器人工作站或多机器人工作群方向发展。

重载工业机器人与先进的焊接主轴装备进行系统集成实现搅拌摩擦焊焊接，将极大提升焊接作业柔性，以适用于空间复杂结构产品的批量化焊接制造，并进一步提升焊接自动化程度和生产效率。使用机器人搅拌摩擦焊焊接时，由于机器人柔性化程度高，焊接过程稳定且无需人为干涉，因此，焊接质量可以得到显著提升，且有利于降低焊接生产成本。据国外统计，机器人搅拌摩擦焊单件焊接成本比机器人氩弧焊低 20%，且只有多轴搅拌摩擦焊设备焊接成本的一半。由此可见，采用机器人进行搅拌摩擦焊在大规模工业生产中具有显著的成本优势。此外，使用机器人搅拌摩擦焊的主要技术优势有：绿色节能高效，焊接过程无污染；适用于复杂结构焊接，如平面二维、空间三维等结构；可匹配外部轴，自由扩展机器人工作空间；可实现多模式过程控制，如压力控制、扭矩控制等；接头质量良好，焊接过程稳定性好。

自 1997 年开始，国外多家机构就开始研发机器人搅拌摩擦焊工艺技术及装备系统。近年来国外商业化的机器人搅拌摩擦焊系统不断涌现，德国 IGM 公司、日本川崎重工业株式会社（川崎重工）及发那科（FANUC）公司推出了自主研发的机器人搅拌摩擦焊系统，瑞典伊萨（ESAB）公司与美国 FSL 公司在 ABB 机器人本体上成功集成了搅拌摩擦焊系统，实现了空间曲面结构焊接，在国内外多家科研机构得到应用。德国库卡（KUKA）机器人有限公司与欧洲航空防务和航天公司（EADS）创新工作室历经十年合作研发，于 2012 年推出商业化的 KR500MT 机器人搅拌摩擦焊系统，成为近年来国际焊接工业展的重要亮点，得到国内外航空、航天、汽车、电力、电子等行业领域焊接工作者的普遍关注，并很快在电子行业得到推广应用。

我国在机器人搅拌摩擦焊系统集成研发及工程化推广应用等方面一直远远落后于国外，近五年来国内才开始开展关于机器人搅拌摩擦焊工艺研发和系统集成的研究。中航工业北京航空制造研究所作为国内首家从事搅拌摩擦焊技术研究的单位，于 2013 年从国外引进了一台重载机器人搅拌摩擦焊系统。在此基础上，开展了机器人搅拌摩擦焊技术的探索性研究，对机器人搅拌摩擦焊系统及空间曲面结构焊接有了初步认识。

在飞机结构制造中，机器人搅拌摩擦焊系统有望应用于复杂曲面机身壁板焊接制造，实现长桁、隔板、框与蒙皮，以及机翼结构的焊接。欧洲航空防务和航天公司已将机器人静轴肩搅拌摩擦焊用于空客 A380 翼肋、翼盒、机身窗体加强结构产品的试制。日本川崎重工将机器人搅拌摩擦点焊应用于直升机舱门的研制。在汽车结构制造中，机器人搅拌摩擦焊系统有望应用于复杂曲面车体结构制造，实现复杂车体结构及不等厚裁剪板的焊接，日本川崎重工已将机器人搅拌摩擦点焊应用于汽车车门结构件的批产，采用机器人搅拌摩擦焊也可以实现电动汽车（或混合动力汽车）电池托盘的焊接。在电力电子行业各类散热产品的制造中，机器人搅拌摩擦焊的优势更为突出，采用该项技术与装备，可以实现各类散热产品（如冷板、液冷风冷散热器、电机电池壳体、IGBT、ECU 散热器）的高效率、高质量生产制造。在消费电子行业，机器人搅拌摩擦焊的工程化应用也取得了长足发展，德国 KUKA 机器人有限公司与欧洲航空防务和航天公司创新工作室合作研发了机器人搅拌摩擦焊系统，图 2 - 17 所示为 KUKA 机器人搅拌摩擦焊焊接三维曲面。

（a）模型　　　　　　　　　　　　　（b）实际焊接过程

图 2 - 17　KUKA 机器人搅拌摩擦焊焊接三维曲面

2.2.5　搅拌摩擦点焊设备

日本川崎重工和马自达汽车有限公司（MAZDA）联合开发了一种铝合金薄板焊接的专利技术——搅拌摩擦点焊（FSJ）。FSJ 是由搅拌摩擦焊（FSW）演变而来，高速旋转的带有螺纹状搅拌针的摩擦头通过对工件施加压力，将机械能转化为摩擦热能，使搭接处金属塑化并连接在一起。FSJ 已成功应用于 Mazda RX - 8 型跑车后车门及发动机机罩的焊接。图 2 - 18 所示为搅拌摩擦点焊机器人实物。

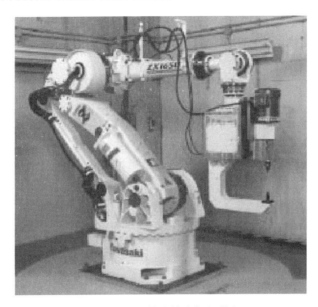

图 2 - 18　搅拌摩擦点焊机器人

图 2 - 19 所示为德国 GKSS 研究中心发明的无匙孔搅拌摩擦点焊设备实物。

图 2 - 19　无匙孔搅拌摩擦点焊设备

　　北京赛福斯特技术有限公司对搅拌摩擦点焊技术展开了大量的工艺试验,不仅成功自主设计制造了搅拌摩擦点焊设备(图2-20),实现了搅拌摩擦点焊,而且还掌握了无匙孔搅拌摩擦点焊焊接技术;并针对搭接焊接过程中常见的界面畸变现象,研发出了增大有效连接宽度的摆动式搅拌摩擦点焊技术:即无匙孔接头和摆动式点焊接头(图2-21),这种技术使接头强度得到显著提高。图2-22所示为国内生产的机器人搅拌摩擦点焊设备。

图 2-20　北京赛福斯特技术有限公司自主设计制造的搅拌摩擦点焊设备

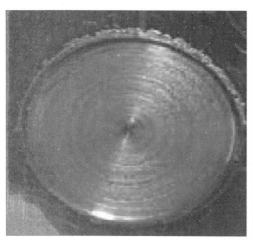

　　　　　　(a)无匙孔接头　　　　　　　　　　　(b)摆动式点焊接头

图 2-21　搅拌摩擦点焊接头宏观形貌

　　当前机器人搅拌摩擦焊技术亟待解决以下几方面技术:适用于搅拌摩擦焊焊接的重载工业机器人本体设计与制造技术;适用于机器人焊接的搅拌摩擦焊机头设计与制造技术,尤其是新型搅拌摩擦焊焊接工艺的运用,如搅拌摩擦点焊、静轴肩搅拌摩擦焊、双轴肩搅拌摩擦焊等。

图 2 - 22　国内生产的机器人搅拌摩擦点焊设备

2.3　铝合金搅拌摩擦焊接头设计

2.3.1　铝合金搅拌摩擦焊接头形式

搅拌摩擦焊常见的接头形式主要有：单层对接接头 ［图 2 - 23 （a）］、双层对接接头 ［图 2 - 23 （b）］、单层搭接接头 ［图 2 - 23 （c）］、多层搭接或对接接头 ［图 2 - 23 （d）］ 及 T 型接头 ［图 2 - 23 （e）～（h）］。接头形式定义见表 2 - 1。

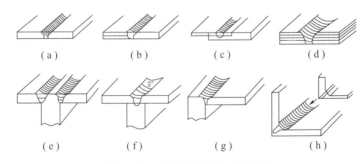

图 2 - 23　常见焊接接头结构形式

表 2 - 1　接头形式定义

接头形式	定　义
对接接头	指两个工件表面构成大于或等于 135°，小于或等于 180°夹角的接头
搭接接头	指两个工件部分重叠所构成的接头

续表

接头形式	定义
搭接结构对接接头	指两个工件为搭接结构,但在焊接过程中未将搭接结构完全焊透,实际焊接过程为对接焊接
T 型接头	指两个工件,其中一件的端面与另一件的表面构成直角或近似直角的接头

2.3.2　铝合金搅拌摩擦焊接头设计选用原则

搅拌摩擦焊接头设计是搅拌摩擦焊工艺设计考虑的重要因素,搅拌摩擦焊接头设计好坏对搅拌摩擦焊焊接过程的稳定性和质量起着较为重要的作用,接头形式的选择应以加工过程简单、装配定位方便、焊接工装设计制造简单可靠、焊接过程稳定等为原则。一般来说,应优先采用对接接头或搭接结构对接接头,在工件结构无法实现对接接头时,再采用搭接接头或 T 型接头的设计。

2.4　铝合金搅拌摩擦焊搅拌头结构设计

搅拌头被誉为搅拌摩擦焊的"心脏",是搅拌摩擦焊所使用的一种非消耗性的可旋转的焊接工具。搅拌头的主要功能为:加热和软化被焊接材料;破碎和弥散接头表面的氧化层;驱使搅拌头前部的材料向后部转移;驱使接头上部的材料向下部运动,使转移后的热塑化的材料形成固相接头。其材料和结构设计是搅拌摩擦焊技术的核心,是搅拌摩擦焊工艺中最重要的技术之一。典型搅拌头结构如图 2-24 所示,在搅拌摩擦焊时,搅拌头是与被焊件相互作用而产生摩擦热,并使母材金属发生塑性软化的焊接装置,它主要由搅拌针、轴肩、夹持柄等组成,其中夹持柄部分与搅拌摩擦焊设备相连,通过设备旋转带动搅拌针运动;搅拌针位于搅拌头的端部,其形状各异,焊接时与工件发生作用,它是搅拌头的关键组成部分之一,起破碎金属及氧化膜并驱动金属流动的作用;轴肩与搅拌针根部相连接,焊接时与工件上表面接触并发生作用,轴肩与被焊材料接触摩擦,是主要的产热区,同时轴肩的包裹作用使塑化金属不易溢出,并通过下压力的作用使被焊材料形成锻造组织,由此可见,搅拌针及轴肩对焊缝成形及质量至关重要。

搅拌头材料的选择和结构设计会直接影响搅拌摩擦焊焊接的质量,搅拌头材料、搅拌头轴肩形貌和搅拌针形貌是摩擦头的三个主要因素。

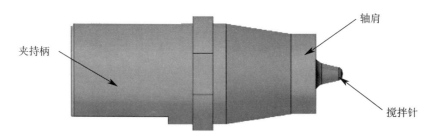

图 2-24　典型搅拌头的结构

2.4.1　铝合金搅拌摩擦焊搅拌头材料

2.4.1.1　搅拌头材料特性

搅拌头的材料应该具有热强性、高硬度和耐磨性、抗蠕变性、耐冲击性、易加工性、材料惰性、摩擦效果优良等特性。

（1）热强性

热强性是指在高温下搅拌头材料保持上述性能的能力，可用红硬性表示。高温下硬度越高则红硬性越好。例如，碳素工具钢的红硬性约 300 ℃、高速钢约 600 ℃、硬质合金约 900 ℃。对于铝合金而言，一般工作温度在 540 ℃ 左右，要求搅拌头材料一般在 540 ℃ 保持一定的强度。

（2）高硬度和耐磨性

搅拌头要横贯工件材料，其硬度必须大于工件材料的硬度。耐磨性与硬度有密切关系，硬度越高，均匀分布的细化碳化物越多，则耐磨性越好。

（3）抗蠕变性

搅拌头在长时间高温下，容易出现蠕变疲劳现象，选择材料时考虑材料的抗蠕变性能可提高搅拌头的寿命。

（4）耐冲击性

在焊接过程中，搅拌头承受很大的压力，同时还要出现冲击和振动，搅拌头材料必须具有足够的强度和韧性。

（5）易加工性

为了便于制造搅拌头，搅拌头材料应具有良好的加工性能。

（6）材料惰性

搅拌头材料与被焊材料在常温及高温下不能发生任何反应，产生反应既会破坏搅拌头的完整性，又会使焊缝产生夹杂、脆性化合物等缺陷。

（7）摩擦效果优良

搅拌摩擦焊过程是通过搅拌头与被焊材料的摩擦过程产生热量使金属连接，除材料本身的摩擦效果外，还与搅拌头的结构设计有关。

2.4.1.2　搅拌头材料性能

表 2-2 为常见搅拌头材料的性能，包括最高工作温度、适应性、加工性、化学活性和热稳定性。从表中可以发现，工具钢、不锈钢、镍基合金的综合性能比较好，但工作温度较低，不适合焊接高熔点材料；而工作温度比较高的几种材料，如金属陶瓷、高熔点金属以及金属间化合物可加工性相对较差，甚至很差，难以用来制作复杂结构形状的搅拌头。

表 2-2　常见搅拌头材料的性能

材料	最高工作温度/℃	适应性	加工性	化学活性	热稳定性
工具钢	500	极佳	好	低	好

续表

材料	最高工作温度/℃	适应性	加工性	化学活性	热稳定性
不锈钢	800	极佳	好	低	极佳
镍基合金	800	一般	一般	低	好
金属间化合物	800 及以上	很差	很差	低	最好
钨基复合材料	800	极佳	好	低	极佳
金属陶瓷	800	极佳	很差	低	极佳
钴基合金	1 000	好	良好	低	好
高熔点金属	1 000	好	差	低	易氧化
陶瓷	1 000	不稳定	很差	低	极佳

随着高熔点材料的搅拌摩擦焊技术研究深入，对搅拌头材料的选择、搅拌头形状的设计都提出了不同的要求，对于高熔点材料的焊接，钢制搅拌头在 540 ℃ 以上会发生软化和严重磨损，搅拌头的磨损会使焊缝的性能下降，严重影响接头质量，所以各国的研究人员通过选择不同的搅拌头材料来获得与母材相匹配的具有良好工艺、使用寿命长以及易加工的搅拌头。

如焊接 50 mm 厚铜合金时，研究人员选用含有少量 Ni - Fe 作为粘结剂的烧结钨基高密度合金，而大厚板搅拌摩擦焊搅拌头的型面不同于焊接薄板时的型面，摩擦热主要由搅拌头本身产生，轴肩所产生的摩擦热为次要热源。造船用的低合金高强钢在焊接时，采用钨制作的平头锥形搅拌头，在启焊处打孔，把板件和搅拌头预热到 300 ℃（略高于钨材的脆性转变温度），可以获得与母材性能相当的焊接接头，但焊接钢板时，纯钨制作的搅拌头磨损量较大，寿命较短，而采用 W - Re 合金（W - 25％Re）制作搅拌头，可以明显减少磨损量。

日立公司最近和日本东北大学合作，针对铁合金、钛合金以及锆合金等成功开发了 Co - Al - W 合金搅拌头材料。该材料铸造性和可加工性良好，高温强度和耐磨损性能优异，以钴基合金为基体，Co3（Al，W）金属间化合物为第二相，通过调整基体和第二相的比例可获得不同性能要求的搅拌头。Co - Al - W 合金搅拌头材料的微观组织，以及该搅拌头用于钛合金搅拌摩擦焊的试验效果分别如图 2 - 25 和图 2 - 26 所示。

采用搅拌摩擦焊连接钢材、不锈钢和镍基合金等高熔点金属材料时，搅拌头的温升可达 1 000～1 300 ℃。如果选用难熔金属或含 W、Hf、Re、Mo、Nb、Zr 等元素的合金，虽有耐高温性能，但并非都能抗磨蚀，有些材料甚至在搅拌摩擦焊过程中会与被焊材料（如铁素体钢）形成合金化产物，导致缺陷。近年来，更多的研究工作者关注多晶立方氮化硼（PCBN，Polycrystalline Cubic Boron Nitride）用于制作搅拌头的试验研究和工程开发。多晶立方氮化硼（PCBN）在 20 世纪 60 年代是用于制造切削工具钢、铸造铁和超级合金的刀具材料，在 80 年代广泛应用于难切削和精密切削以及严酷工况条件下切削刀具的材料。用 PCBN 超耐磨材料在超高温/超高压条件下，经烧结后再磨光成搅拌摩擦焊的搅拌头端部，如图 2 - 27 所示。

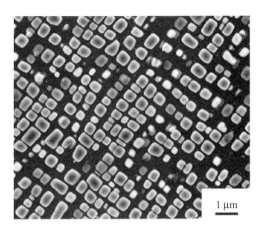

图 2 - 25　Co - Al - W 合金搅拌头材料的微观组织

图 2 - 26　钛合金搅拌摩擦焊焊缝

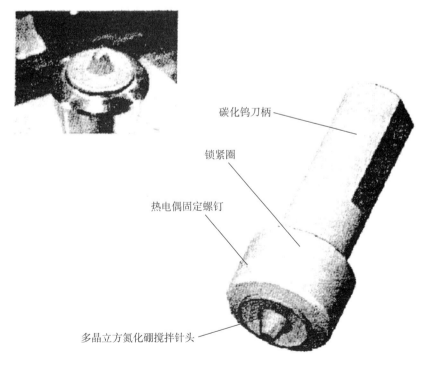

图 2 - 27　用多晶立方氮化硼制成的搅拌头端部

表 2-3 中列出了 PCBN 与其他两种材料的力学性能和物理性能的对比。

表 2-3 PCBN 与其他两种材料的力学、物理性能对比

性能	材料	PCBN	碳化钨	4340 钢
摩擦系数	—	0.10～0.15	0.2	0.78
热膨胀系数	10^{-6} ℃	4.6～4.9	4.9～5.1	11.2～14.3
热传导系数	W/m · K	100～250	95	48
断裂韧度		3.5～6.7	11	100
承压强度	N/mm²	2 700～3 500	6 200	690
	10^3 psi	391～507	899	100
硬度	努氏硬度 kg/mm²	2 700～3 200	—	278
	维氏硬度 kg/mm²	2 600～3 500	1 300～1 600	280
拉伸强度	N/mm²	—	1100	620
	10^3 psi	—	160	89.9
横向断裂强度	N/mm²	500～800	2200	—
	10^3 psi	72～115	319	—

注：1 psi＝6 894.76 Pa。

从表 2-3 可知，用 PCBN 制成的搅拌头端部，具有摩擦系数小的特点，可减少与被焊材料的粘连，从而降低主轴功率。PCBN 具有高传热系数，可耐高温，减小端头温度梯度，具有高硬度、高耐磨性。虽然它的断裂韧度较低，但多晶结构组织可以降低其裂纹发生率，是一种优良的高熔点材料焊接用搅拌头材料。

2.4.1.3 铝合金常用搅拌头材料

在搅拌头材料选择方面，湖北三江航天红阳机电有限公司（以下称红阳公司）主要针对热处理强化铝合金材料研究了由工具钢、热作模具钢及高温合金等材料制造搅拌头的性能，从研究情况看，工具钢材料的热疲劳性能较差，高温强度相对较低，因此，该材料一般适用于制作定位焊搅拌头或 6 mm 以下铝合金材料焊接搅拌头；高温合金材料的高温强度较高，可以通过热处理强化，但高温合金材料高温下热蠕变性能较差，一般适用于制作 16 mm 以下的铝合金材料搅拌头。随着材料厚度的增加，焊接顶锻力相应增加，焊接热输入要求较高，在工艺试验研究过程中，经常出现搅拌头轴肩软化镦粗、搅拌头沿根部断裂的情况；热作模具钢具有较高的耐磨性、高温强度和韧性、抗疲劳性，即综合机械性能相对较高，较适合于制作 20 mm 以下的铝合金材料搅拌头。

一般选用的热作模具钢牌号为 H13，H13 热作模具钢与国内牌号 4Cr5MoSiV1 对应，最初用作 Al-Mg 合金的挤压模、压铸模，不与 Al 反应；具有中等含 Cr 量和形成碳化物的合金元素，如 Mo 和 V，具有抗高温软化性能；H13 热作模具钢是空冷硬化钢，在 600 ℃ 作业时，其强度高、韧性优、抗裂性好；淬火后硬度可以达到 HRC53～54，且含 C 量比较低而且总合金含量也比较低，在此硬度下具有较好的韧性。而铝合金材料熔点温度一般在 600 ℃ 以下，搅拌摩擦焊焊缝区域温度在 490～540 ℃，因此，H13 热作模具钢非常适合用作铝合金焊接搅拌头材料。

红阳公司对该材料进行了强韧化处理，以提高材料的抗拉强度、硬度、冲击韧性及疲劳强度，并通过寿命验证试验对搅拌头的寿命改善情况进行考核分析。

为了提高搅拌头坯料的性能，对 $\phi 60$ mm 的 H13 热作模具钢原材料进行锻压处理。利用锻压机械的锤头对坯料施加压力，使之产生塑性变形。锻造能够消除金属在冶炼过程中产生的疏松等缺陷，优化微观组织结构，同时保存完整的金属流线，强化组织性能。

热处理工序主要可通过增加新的热处理工艺，调整相应工艺技术参数，改变其内部组织结构的手段，达到改善材料性能的目的。因此，合理调整材料的热处理加工工艺条件应作为改善原材料性能的重要步骤。综上所述，影响材料性能的主要工序为坯料的处理和热处理工序，应分别对原材料的加工以及热处理参数设计进行调整。

热处理参数设计：球化退火是为了使钢中碳化物球化而进行的退火处理工艺，可以得到在铁素体上均匀分布球状或颗粒状碳化物的组织。因此，除采用改锻加工手段，还可以通过增加球化退火处理，促进钢中组织的均匀化，提升原材料的疲劳性能，达到改善性能的目的。为了对比分析淬火温度的提升对材料性能的影响，还对淬火温度进行了适当调整。

表 2-4 为方案设计，其中方案 1 为原始加工方案，方案 2、3、4 的选取分别用于验证球化退火、热处理制度以及原材料改锻对其性能的影响。

表 2-4　方案设计表

方案序号	1	2	3	4
改锻状态	未改锻状态	未改锻状态	改锻后状态	改锻后状态
热处理制度	无球化退火+原热处理制度	球化退火+原热处理制度	球化退火+原热处理制度	球化退火+新热处理制度

表 2-4 中所选取的改锻状态及热处理制度分别明确如下：

（1）球化退火工艺制度

室温入炉，(900 ± 10) ℃ ×（1~2）h，炉冷；(730 ± 10) ℃ ×（3~4）h，$\leqslant 40$ ℃/h 炉冷至 500 ℃ 以下出炉空冷。

（2）原热处理制度

真空淬火：室温入炉，(815 ± 10) ℃ × 30+50 min，随炉升温，$(1\,020\pm10)$ ℃ × 60+50 min，空冷至室温出炉。

两次真空回火：$\leqslant 350$ ℃ 入炉，(580 ± 10) ℃ × 120+50 min，空冷至室温。

（3）新热处理制度

真空淬火：室温入炉，(550 ± 10) ℃ × 20+50 min，随炉升温，(850 ± 10) ℃ × 30+50 min，随炉升温 $(1\,050\pm10)$ ℃ × 80+50 min，油淬。

两次真空回火：350 ℃ 以下入炉，(600 ± 10) ℃ × 120+50 min，油冷至室温。

对材料抗拉强度及硬度进行检测，得出表 2-4 中 4 个方案下抗拉强度及硬度值，如表 2-5 所示。

表 2-5　抗拉强度与硬度检测结果

方案序号		1			2			3			4		
改锻状态		未改锻状态			未改锻状态			改锻后状态			改锻后状态		
热处理制度		无球化退火+ 原热处理制度			球化退火+ 原热处理制度			球化退火+ 原热处理制度			球化退火+ 新热处理制度		
抗拉强度/MPa	检测值	1 640	1 600	1 600	1 590	1 610	1 610	1 600	1 580	1 580	1 580	1 580	1 590
	平均值	1613			1603			1587			1583		
硬度	检测值	48.6	48.7	49.2	48.7	48.8	49.4	49.1	48.3	48.7	48.0	48.1	49.8
	平均值	48.8			49.0			48.7			48.6		

从表 2-5 可以看出，试样及搅拌头的硬度均符合 HRC48～HRC51 的要求，且不同方案中试样及搅拌头的抗拉强度相差不大于 30 MPa，且未出现异常情况。

对材料的冲击性能进行了检测，表 2-6 为冲击性能检测结果，从表 2-6 可以看出，方案 3 冲击性能最高，且方案 3 较方案 1 提升近 1 倍。

表 2-6　冲击性能检测结果

方案序号		1			2			3			4		
改锻状态		未改锻状态			未改锻状态			改锻后状态			改锻后状态		
热处理制度		无球化退火+ 原热处理制度			球化退火+ 原热处理制度			球化退火+ 原热处理制度			球化退火+ 新热处理制度		
冲击性能/(J/cm²)	检测值	27	25	27	27	26	27	46	50	42	23	27	25
	平均值	26.3			26.7			46.0			25.0		

对疲劳强度进行测试，采用 M7S810 型动静态材料试验机进行检测，采用定载荷（1 200 MPa）定频率（15 Hz）方式考核断裂周期，进行疲劳寿命检测，检测结果如表 2-7 所示。

表 2-7　疲劳强度检测结果

方案序号		1			2			3			4		
改锻状态		未改锻状态			未改锻状态			改锻后状态			改锻后状态		
热处理制度		无球化退火+ 原热处理制度			球化退火+ 原热处理制度			球化退火+ 原热处理制度			球化退火+ 新热处理制度		
断裂循环次数	检测值	35 700	26 214	29 451	97 000	22 714	37 564	>109 858	>120 000	56 000	24 525	29 862	27 664
	平均值	30 455			52 426			>95 286			27 350		

从表 2-7 中可以看出，除方案 4 中的疲劳试样断裂循环次数较低外，方案 2 与方案 3 均较方案 1 有明显的提升作用，其中方案 3 将方案 1 中试样的断裂循环次数提升了 2 倍以上。

综合分析不同方案中的性能指标，可以看出，方案 3 较原始加工方案（方案 1）具有较明显的改善作用，尤其表现在对疲劳性能指标的提升作用方面。

为实际验证各方案中不同性能指标变化对搅拌头寿命的影响，开展了寿命验证试验。

试验对象选取同种材料（2A70）、同热处理状态（T6）、同厚度（$\delta = 20$ mm）的板材，采用相同焊接工艺参数（旋转速度为 300 r/min，焊接速度为 120 mm/min）对不同方案条件下加工的搅拌头进行焊接长度考核。表 2-8 为验证试验结果，图 2-28 所示为部分搅拌头断裂形貌。

从试验验证结果来看，受搅拌摩擦焊复杂工作条件的影响，搅拌头寿命存在明显的离散度，但较方案 1 而言，方案 3 无论在焊接总寿命、焊接寿命平均水平以及离散度等方面均存在明显优势。

表 2-8　焊缝长度寿命试验验证结果

方案序号	1		2		3		4	
改锻状态	未改锻状态		未改锻状态		改锻后状态		改锻后状态	
热处理制度	无球化退火+ 原热处理制度		球化退火+ 原热处理制度		球化退火+ 原热处理制度		球化退火+ 新热处理制度	
焊缝长度/m	15.20	0.40	8.85	6.50	10.00①	18.35	2.18	0.35②

注：①第一阶段焊接长度为 10 m 未断，第二阶段焊接钻孔过程中断裂；
②设备故障报警致使试验中断，搅拌头从试板中旋出时断裂。

(a) 采取方案1焊接0.4 m后断裂

(b) 采取方案2焊接8.85 m后断裂

(c) 采取方案3焊接10 m后断裂

(d) 采取方案4焊接0.35 m后断裂

图 2-28　部分搅拌头断裂形貌

通过对原材料的重新加工，使材料的疲劳强度提高 1 倍以上，冲击韧性提高近 1 倍，大大提高了搅拌头的使用寿命。

2.4.2　铝合金搅拌摩擦焊搅拌头结构形式

2.4.2.1　常见的搅拌头结构形式

搅拌头由轴肩和搅拌针组成，轴肩和搅拌针的形貌决定了接头的组织和性能，针对不同的工件情况，采用不同形貌的搅拌头可获得高质量的接头，同时，搅拌头的结构形式与尺寸也限制着其所能焊接的材料与最大板厚。目前，搅拌头的结构研究，主要在其形状、强度与工艺参数、焊接材料、焊接接头质量之间的关系等方面。即研究在保证焊针强度的基础上，通过一定样本量的试验验证，对于某种焊接材料，采用何种搅拌头结构与尺寸，选用何种焊接工艺参数，可以获得较好的焊接接头质量、搅拌焊针直径与工件厚度的有效配置、搅拌头尺寸参数与焊缝质量的关系等等。目前，有学者利用仿真技术模拟搅拌头实际工况，以确定焊接区的金属塑性流场特性与搅拌头结构、工艺参数之间的关系，以及搅拌头形状对焊缝金属流动性的影响。搅拌摩擦焊因其工艺的特殊性，对于不同的焊接材料，焊接质量与搅拌头结构、尺寸、运动参数有着比较大的因果关系。目前搅拌焊头的形状主要有圆柱形、圆锥形、螺旋形、凹槽/螺纹式搅拌头及可伸缩式搅拌头。但目前搅拌头规范性不够，系列化、标准化的新型搅拌头设计将有助于搅拌摩擦焊技术的推广应用。

轴肩在搅拌摩擦焊焊接过程中通过与工件表面的摩擦来提供热源，同时在焊接过程中提供一个封闭的环境使塑化金属不会溢出，目前，关于轴肩形貌可分为平底轴肩、凹面形的轴肩、卷绕形轴肩、同心圆槽式轴肩、无轴肩锥形搅拌头等各种不同的轴肩形貌，如图2-29所示。

图 2-29　不同的轴肩形貌

英国焊接研究所（TWI）还开发出了一种改进型的搅拌摩擦焊技术，即双轴肩搅拌摩擦焊技术。它与传统的搅拌摩擦焊最显著的区别就在于应用了两个轴肩，如图2-30所示。双轴肩搅拌摩擦焊能消除焊不透的缺陷，使用工具简单，对设备和工件压力比较小，其工件所承受的轴向压力仅为常规单轴肩摩擦焊情况下的1/4。另外，双轴肩搅拌摩擦焊不需要背部支撑，热输入均匀，焊接变形也比较小。

搅拌针在材料搅拌摩擦焊过程中起到了对塑化金属机械搅拌的作用，因而搅拌针形貌和几何尺寸对材料的流动性和流动体积有较大的影响，目前搅拌针形貌主要有柱形搅拌针，锥形螺纹搅拌针和三槽锥形螺纹搅拌针，偏心圆搅拌针和偏心圆螺纹搅拌针，非对称搅拌针，外开螺纹搅拌针，用于搭接的两级搅拌针，可伸缩式搅拌针。

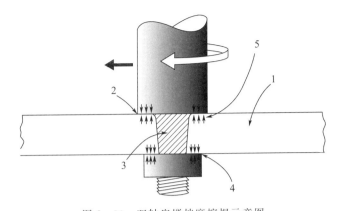

图 2 - 30　双轴肩搅拌摩擦焊示意图

1—工件；2—上肩；3—扣针；4—底肩；5—作用力

柱形搅拌针（图 2 - 31）应用较为广泛，但搅拌针耐冲击力弱，易在根部发生断裂；锥形螺纹搅拌针（图 2 - 32）和三槽锥形螺纹搅拌针（图 2 - 33）的共同之处是它们都呈平截头体状，且带有螺纹。在搅拌针根部直径相同时，平截头体状搅拌针切削的材料比柱形的少。据计算，锥形螺纹搅拌针所切削的材料只有柱形搅拌针的 60%，而三槽锥形螺纹搅拌针所切削的也只有柱形的 70%，另外，平截头体形状搅拌针上的螺纹能促进搅拌头附近的塑性软化材料具有向上运动的趋势。为了改善软化材料的流动路径，增强其流动行为，一些研究人员还在搅拌针上设计出平台或沟槽。对于三槽锥形螺纹搅拌针，锥面上开有三个螺旋形的槽，以减小搅拌针的体积，增加软化材料的流动性，同时破坏并分散附着于工件表面上的氧化物；研究人员发现，使用偏心圆搅拌头（图 2 - 34 和图 2 - 35）时，当搅拌针最小的纵截面与搅拌针旋转起来扫过的纵截面面积比在 70%～80% 时，焊接方向的压力最小，而偏心圆螺纹搅拌针与偏心圆搅拌针相比，由于包含螺纹，从而更有利于粉碎工件表面上的氧化膜，有利于获得高强度的接头；非对称搅拌针（图 2 - 36 和图 2 - 37）中心轴与设备的中心轴存在一个偏角，轴肩表面垂直于设备中心轴，所以在焊接过程中搅拌头不是以自身中心轴旋转，搅拌针只有部分表面直接与工件摩擦，与传统的搅拌针中心轴与设备中心轴重合的搅拌头相比，可提高搅拌针周围塑性软化区范围而不仅仅是通过改变搅拌针的形状和大小；外开螺纹搅拌针（图 2 - 38）在开槽部位锥度与锥形搅拌头相反，且开槽处支开呈三叉样，既可以增加搅拌针直径，又不需要增加轴肩直径，这样既增加了搅拌针与塑化金属的接触面积，又减小了焊接压力，有效地提高了接头的承载能力；用于搭接的两级搅拌针应用了第二级轴肩，第二级轴肩位于上下焊件的界面上，且两级搅拌针下面一节针直径较上一节小，且有五边形平台，可以激起中间的氧化膜和提高下层金属的流动；可伸缩式搅拌针可以分为手动可伸缩式（图 2 - 39）和自动伸缩式（图 2 - 40），手动式伸缩搅拌针可以通过调节针长来焊接不同厚度的材料和实现变厚度板材间的连接。自动伸缩式搅拌针不仅具有手动伸缩搅拌针的功能，还可在焊接即将结束时将搅拌针逐渐缩回到轴肩内，从而避免形成匙孔。

图 2-31　柱形搅拌针

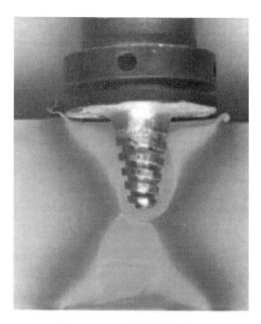

图 2-32　锥形螺纹搅拌针

图 2-33　三槽锥形螺纹搅拌针

图 2-34　偏心圆搅拌针

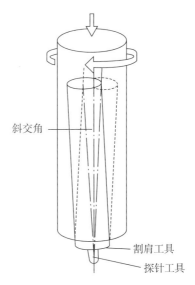

图 2-35　偏心圆螺纹搅拌针　　　　图 2-36　非对称搅拌针

斜交角

割肩工具

探针工具

图 2-37　改进后的非对称搅拌针

图 2-38　外开螺纹搅拌针

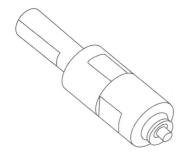

图 2-39　手动可伸缩式搅拌针

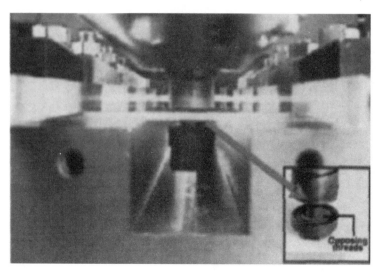

图 2-40　自动伸缩式搅拌针

2.4.2.2　铝合金搅拌摩擦焊搅拌头优化设计

红阳公司根据不同产品结构、不同接头形式、不同厚度规格先确定出一种基本型搅拌头，然后在此基础上对搅拌头各主要要素（如轴肩尺寸、搅拌针形状和锥角、开槽尺寸和形式等）进行调整，以获得优化的铝合金焊接用搅拌头结构形式。

在搅拌头优化设计方面，主要从搅拌头结构形式（带螺纹开螺旋槽、带螺纹磨三棱面、带螺纹不开槽等结构）和结构尺寸优化等方面开展研究，研究内容为中厚板铝合金搅拌摩擦焊搅拌针螺纹流动行为。

为了观察焊缝塑性材料的三维迁移行为，采用薄板铝合金材料水平叠层镶嵌。图 2-41 为薄板铝合金水平叠层镶嵌示意图，用来观察塑性材料在焊缝厚度方向上的迁移行为，图中上、下表层为 3 mm 厚的 2A12 铝合金，中间是 12 个 1.5 mm 厚的纯铝相互叠放，形成铝合金和纯铝层状叠层结构，叠层厚度约为 24 mm。

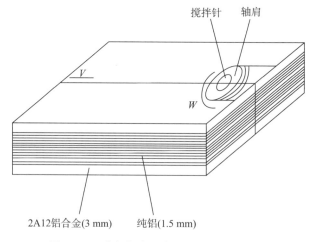

图 2-41　薄板铝合金水平叠层镶嵌示意图

薄板铝合金叠层材料焊接时采用三种不同规格的搅拌头，分别为全螺纹搅拌头、三平面螺纹搅拌头、三斜槽螺纹搅拌头，搅拌头的轴肩直径为 36 mm，搅拌针的根部直径为 M18 mm，搅拌针的锥角为 8°，搅拌针的长度为 23.4 mm，焊接时搅拌头的倾角为 2.8°，其中三平面螺纹搅拌头沿着搅拌针锥形在圆周方向加工 3 个深约 1 mm 的平面，三斜槽螺纹搅拌头在搅拌针方向加工宽度为 4 mm、深度为 2 mm 的三个斜槽，其角度为 35°，焊接时下压量控制在 0.5 mm。

图 2－42 所示为采用三种不同规格搅拌头焊接的薄板铝合金叠层试样焊缝表面形貌，其中全螺纹搅拌头、三平面螺纹搅拌头焊接采用的参数为：旋转速度为 300 r/min，焊接速度分别为 40 mm/min、50 mm/min、60 mm/min、70 mm/min、80 mm/min，三斜槽螺纹搅拌头焊接采用的参数为：旋转速度为 300 r/min，焊接速度分别为 70 mm/min、80 mm/min、90 mm/min。从图 2－42 中可以发现，在相同的搅拌头和旋转速度下，随着焊接速度的提高，焊缝表面的形貌越差；对比三种不同规格的搅拌头，其中全螺纹的搅拌头的焊缝表面形貌最差，这是因为焊接速度越快，焊缝表面金属的热输入量相对越小，焊缝表面金属塑化不充分，容易出现渣滓状铝屑。

(a) 全螺纹搅拌头

(b) 三平面螺纹搅拌头

(c) 三斜槽螺纹搅拌头

图 2－42　薄板铝合金叠层试样焊缝表面形貌

图 2－43 所示为在旋转速度为 300 r/min，焊接速度为 70 mm/min 条件下，三种不同规格的搅拌针焊接的焊缝在厚度方向的流动形貌，从图中可以看出，在焊缝厚度方向上，整个焊缝塑性变形区上宽下窄，呈梯形分布。焊缝塑性变形区关于焊缝中心并不对称，返回侧（RS）塑性变形区大于前进侧（AS）塑性变形区。在厚度方向上，前进侧塑性材料向焊缝上方迁移的距离大于返回侧塑性材料向上迁移的距离。采用全螺纹搅拌头焊接，在焊缝厚度方

向流动最为剧烈，在焊缝中上层靠近前进侧的位置，2A12 铝合金和纯铝相互交叠在一起，三平面螺纹搅拌头焊接的焊缝流动性次之，在前进侧的位置 2A12 铝合金和纯铝发生了交叠，三斜槽螺纹搅拌头焊接后，在焊缝厚度方向流动性最差，纯铝界面之间发生了水平方向的变形。

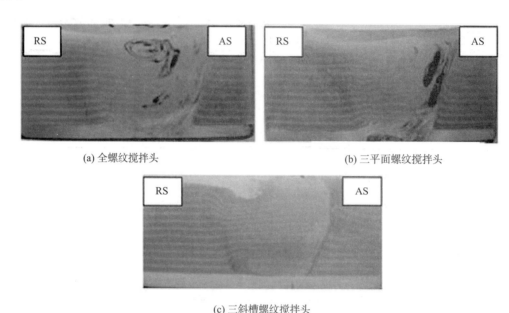

(a) 全螺纹搅拌头　　　　　　　　　　　　(b) 三平面螺纹搅拌头

(c) 三斜槽螺纹搅拌头

图 2 - 43　不同规格的搅拌针的焊缝流动形貌

由于所观察的横截面是搅拌针经过后的焊缝形貌，说明焊接过程中位于焊核处的母材金属被搅拌针打碎、搅拌，并在搅拌针轴向发生了明显的迁移运动；而焊核两侧水平界面流线发生弯曲，说明在焊接过程中母材金属粒子只发生相对位移而没有相互间的混合，其迁移行为属于层流运动，焊核与母材金属之间存在明显的界线。采用表面为螺纹的搅拌针进行焊接试验，焊接过程中螺纹内的塑性金属同时受到螺纹表面的摩擦力和螺纹上表面法线方向的压力。如图 2 - 44 所示，v 为搅拌针行进方向，n 为搅拌针旋转方向，f 为螺纹表面与塑性金属之间的摩擦力，P 为搅拌针旋转并向前行进时对螺纹内部金属产生的压力，P 的方向为螺纹上表面的法线方向，F 为 P 和 f 的合力。在 P 和 f 的作用下，螺纹内的塑性金属将产生两个方向的迁移：一是在摩擦力 f 的作用下产生圆周运动，其速度方向为搅拌针旋转的切线方向；二是在螺纹上表面压力的作用下产生向下的迁移。当采用表面带有螺纹搅拌针的搅拌头焊接时，在这两个力的联合作用下，搅拌针螺纹内的塑性金属将向焊缝底部做螺旋迁移运动并最终从搅拌针端部流出而形成焊核，原本位于焊缝底部的金属受到从搅拌针根部流出金属的挤压，从而向焊核四周迁移。由上可知，焊核两侧母材金属的水平界面流线之所以向上弯曲，是因为在焊接过程中母材金属受到了来自焊核区的挤压作用而向四周迁移，由于焊缝表面金属温度较高，其抗变形能力比周围较冷金属更弱，因此受到焊核挤压的母材金属更容易向焊核周围做远离焊核的迁移运动，产生迁移的金属在受到远处较冷母材的阻碍后，转而向压力较低的焊缝表面处迁移，前进侧与返回侧受到焊核区挤压而发生迁移的金属最终在焊核上方汇集，成为紊流区金属的来源之一。若在焊核上方汇集的金属量不足，则容易在焊核上方的紊流区出现疏松组织。

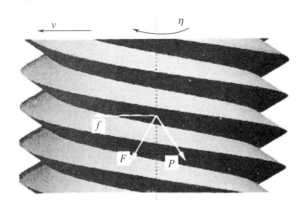

图 2-44　螺纹对周围金属作用的示意图

　　从上述分析可知，焊缝厚度方向上金属迁移流动主要依靠搅拌针表面的螺纹，而全螺纹的搅拌针上有效螺纹最多，三平面螺纹搅拌头由于在搅拌针表面加工有三个平面，有效螺纹减少，三斜槽螺纹搅拌头的搅拌针表面有效螺纹最少，因此，三种不同规格搅拌头焊接后焊缝厚度方向上的流动剧烈程度分别为：全螺纹搅拌头、三平面螺纹搅拌头、三斜槽螺纹搅拌头。

　　图 2-45～图 2-47 所示为三种不同规格搅拌头在不同焊接速度下的焊缝横截面形貌，从图中可以发现，随着焊接速度的增加，焊缝厚度方向上的流动剧烈程度逐渐减弱。如图 2-46 所示，当焊接速度为 40 mm/min 时，焊缝厚度方向发生了剧烈的 2A12 铝合金和纯铝的混合流动，当焊接速度增加至 80 mm/min 时，焊缝厚度方向上流动程度显著减弱，仅在靠近焊缝前进侧的位置发生了 2A12 铝合金和纯铝的混合流动，焊缝中间的纯铝界面之间只是发生了层状的迁移运动。产生以上现象的原因，是由于在搅拌头规格和旋转速度相同的前提下，焊接速度越小，单位长度焊缝的线能量越大，焊缝区域金属处于热塑性状态范围较广，易于流动的金属较多，当搅拌针旋转作用时，金属被抽吸向下，并聚积在搅拌针顶部并挤压其周围的金属向上迁移，塑性金属在厚度方向上的循环流动较充分，表现为纯铝界面的破碎程度较为剧烈。因此，焊缝金属厚度方向上的流动程度与焊缝的温度场和搅拌针表面形貌有关。

　　从上述焊缝薄层铝合金焊缝横截面的流动形貌，可以建立如图 2-48 所示的焊缝金属材料的迁移模型。从图中可以看出，在厚度方向上，整个焊缝塑性变形区上宽下窄，呈梯形分布。焊缝塑性变形区关于焊缝中心并不对称，返回侧塑性变形区大于前进侧塑性变形区；在厚度方向上，前进侧塑性材料向焊缝上方迁移的距离大于返回侧塑性材料向上迁移的距离。图中带箭头的曲线表示塑性材料的迁移路径和方向。当搅拌头旋转并沿焊缝中心缓慢前进时，焊缝上层的塑性材料主要受轴肩影响，随轴肩一起旋转，在外围未塑化金属的阻碍下，向焊缝中心迁移，如图中标记 1 所示；迁移至搅拌针根部后，

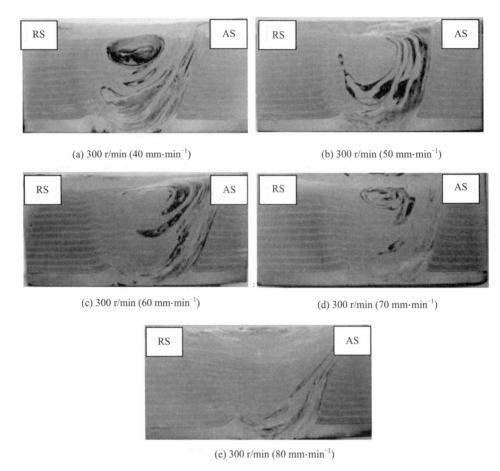

(a) 300 r/min (40 mm·min⁻¹)　　　　　(b) 300 r/min (50 mm·min⁻¹)

(c) 300 r/min (60 mm·min⁻¹)　　　　　(d) 300 r/min (70 mm·min⁻¹)

(e) 300 r/min (80 mm·min⁻¹)

图 2 - 45　全螺纹搅拌头焊缝横截面形貌

在轴肩和螺纹下端面的压力下，塑性金属沿螺纹表面向下做螺旋迁移，如图中标记 2 所示；迁移至底部受到垫板的阻碍后，开始呈发射状向四周迁移，遇到四周未塑化金属的阻力后，开始向上迁移，如图中标记 3 所示。由以上分析可知，塑性材料在厚度方向上形成一个连续迁移的循环路径。在整个循环路径中，带螺纹的搅拌针类似于水泵，不断地将搅拌针根部的塑性材料从焊缝表面吸取至焊缝底层，对塑性材料在厚度方向上的迁移起了主要驱动作用。

通过对以上焊缝塑性金属流动行为的分析可知，在焊接过程中，搅拌针附近的塑性材料，沿螺纹的搅拌针表面，从焊缝上方螺旋迁移至焊缝底部，从四周向焊缝表面迁移，在厚度方向上形成一个连续迁移的循环路径。塑性变形的区域关于焊缝中心不对称，前进侧塑性材料向焊缝表面迁移的距离大于返回侧，前进侧塑性变形区宽度小于返回侧。

从焊缝的流动形貌可知，焊缝在厚度方向上呈梯形分布，即上宽、下窄的形貌，这与焊缝的温度场相关。三种不同规格搅拌头焊接后焊缝厚度方向上的流动剧烈程度分别为全螺纹搅拌头、三平面螺纹搅拌头、三斜槽螺纹搅拌头。根据焊缝成形的试验结果对搅拌头结构形式进行了优化，图 2 - 49 即为红阳公司自主研发的搅拌头结构形式。

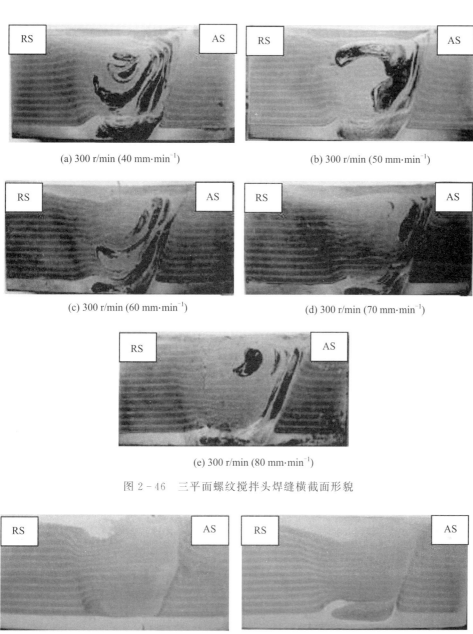

(a) 300 r/min (40 mm·min^{-1})

(b) 300 r/min (50 mm·min^{-1})

(c) 300 r/min (60 mm·min^{-1})

(d) 300 r/min (70 mm·min^{-1})

(e) 300 r/min (80 mm·min^{-1})

图 2 - 46 三平面螺纹搅拌头焊缝横截面形貌

(a) 300 r/min (70 mm·min^{-1})

(a) 300 r/min (80 mm·min^{-1})

(c) 300 r/min (90 mm·min^{-1})

图 2 - 47 三斜槽螺纹搅拌头焊缝横截面形貌

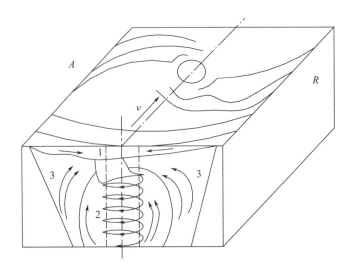

图 2 - 48　焊缝金属材料的迁移模型

图 2 - 49　红阳公司自主研发的搅拌头结构形式

2.4.3　铝合金搅拌摩擦焊搅拌头设计原则

常用铝合金搅拌头设计原则：

1）一般铝合金搅拌摩擦焊搅拌头选用 H13 钢，一般情况下，H13 钢搅拌头焊接铝镁等轻质合金，寿命为几十至数百米，且材料稳定可靠，经济性好。

2）搅拌头材料一般要求洛氏硬度为 HRC48～HRC52，在该硬度下材料韧性及强度较好。

3）搅拌头夹持部位与机头匹配，一般为固定尺寸。

4）根据结构受力情况，搅拌头一般采用锥形搅拌针结构形式，螺纹形貌根据被焊材料厚度确定，一般厚度小于 6 mm 的零件可选用螺纹搅拌头进行焊接，厚度在 6～12 mm 的可选用螺纹开槽搅拌头，大于 12 mm 厚的可选用三棱锥螺纹搅拌头。

5）一般螺纹搅拌头，搅拌针锥角为 10°～11°，具体可根据材料牌号、硬度及高温塑性调整；斜槽角度为 35°～40°，斜槽宽度 4～5 mm，深度为 1.5 mm 左右，轴肩凹槽一般为 11°～15°，且轴肩与搅拌针根部圆滑过渡。

6）螺纹旋向与旋转方向有关，左螺纹搅拌针主轴旋转方向为逆时针旋转，右螺纹搅拌针为顺时针旋转。

7）搅拌针长度依据不同的板厚及接头形式选用，搅拌针长度与搅拌针直径及轴肩直径相匹配，轴肩直径一般为搅拌针根部直径的 2.5～3 倍，常规搅拌头尺寸推荐值如表 2-9 所示。

表 2-9　常规搅拌头尺寸推荐

序号	搅拌针根部螺纹规格/mm	搅拌头轴肩直径/(D/mm)	搅拌针长度/mm
1	M10×2	24	8
2	M12×2	28	10
3	M14×2	28	12
4	M16×3	24	20
5	M20×2	42	30

8）一般定位焊用搅拌头可选择光面搅拌头，但待焊金属材料厚度较大时，则选用螺纹搅拌头，定位焊搅拌头结构形式与正式焊接搅拌头结构形式类似。一般定位焊用搅拌头规格尺寸见表 2-10。

表 2-10　定位焊搅拌头规格尺寸

焊件厚度	搅拌针长度			搅拌头轴肩直径
	对接焊	搭接结构对接焊	搭接焊	对接焊及搭接焊
≤3	—			8～14
>3～6	≤3			8～16
>6～12	≤4			12～18

9）对不同接头形式推荐搅拌头结构形式如表 2-11 所示。

表 2-11　焊接常用搅拌头结构形式及规格

焊件厚度	搅拌针长度				搅拌头的结构				搅拌头轴肩直径			
	对接焊	搭接结构对接焊	搭接焊	T型焊	对接焊	搭接结构对接焊	搭接焊	T型焊	对接焊	搭接结构对接焊	搭接焊	T型焊
3	≤2.9		3.3～4.8		光面		螺纹	螺纹	10～16		12～18	
4	≤3.9		4.3～5.8						12～18			

续表

焊件厚度	搅拌针长度				搅拌头的结构				搅拌头轴肩直径			
	对接焊	搭接结构对接焊	搭接焊	T型焊	对接焊	搭接结构对接焊	搭接焊	T型焊	对接焊	搭接结构对接焊	搭接焊	T型焊
5	≤4.9		5.4~6.8		螺纹				14~20		16~22	
6	≤5.9		6.5~7.8						16~22		16~24	
7.5	≤7.4		8.0~9.2		三斜槽螺纹		三斜槽螺纹	三斜槽螺纹	20~26		20~28	
8.5	≤8.4		9.0~10.4						22~30		24~32	
10	≤9.9		10.5~11.85						24~32		24~34	
12	≤11.9		12.5~13.8						24~34		24~36	
13	≤12.9		13.5~14.8						26~36		26~38	

注：其他厚度工件焊接用搅拌头规格参照执行。

2.5　铝合金搅拌摩擦焊工装结构设计

搅拌摩擦焊工装是指产品在搅拌摩擦焊过程中使用的相应夹具、辅助装置等，其作用主要是为了使工件达到最佳的待焊状态。由于在搅拌摩擦焊过程中，搅拌针需伸入待焊工件的焊缝处，轴肩与工件接触并带有一定的顶锻力，对工件所施加的机械载荷远高于其他焊接方法。此机械载荷根据待焊工件的材料种类、焊接厚度、焊接工艺参数及搅拌头结构形式的不同而呈现不同大小的正向压力、侧向分力及前进力等。因此为了防止工件在此顶锻压力下产生变形或焊接缺陷，需在焊缝背面、两侧面和前方等进行刚性支撑。而搅拌摩擦焊对工件厚度方向上的装配精度及变形非常敏感，所以对焊接工装夹具的要求更为严苛。工装本身不仅要求刚度大、强度高，而且还要求定位准确、易于零件及工装装卸。特别对一些结构复杂的工件或常温变形抗力大、硬度高的材料，例如陶瓷颗粒铝合金复合材料等，这种要求更加严苛。

根据产品结构形式的不同，工装的结构形式及设计思路亦不同，但其本质均为通过约束各个可能方向上的力来保持搅拌摩擦焊过程中的焊接稳定性，以达到焊缝在焊接过程中处于最佳状态的效果。

2.5.1　铝合金搅拌摩擦焊工装设计方法及原则

搅拌摩擦焊工装的设计主要分为以下几个阶段：工况分析、方案设计、结构设计、力学性能分析、优化设计和附属装置设计。

（1）工况分析

在设计工装之前，应首先了解搅拌摩擦焊设备是否能满足待焊工件的尺寸及工艺要求，产品的结构特点，焊缝的形式、工装的接口与产品装夹是否能协调，以及产品的吊装空间等。做好充分的工艺调研，参照国内外先进的工装结构，并结合实际情况初步确定工装的功能与方案。

（2）方案设计

根据零部件的结构形式和装配要求，确定工装整体的夹紧方式，为液压、气动或手动等。选择定位基准点，初步确定夹具的主体结构形式，确定各辅助装置的必要性以及可实施性。

（3）结构设计

对整个搅拌摩擦焊工装进行设计，明确工装定位结构、压紧结构、待焊产品定位结构和附属装置的定位。

（4）力学性能分析

搅拌焊由于自身焊接特点，对工装产生的各项压力较大，所以主体结构完成后，必须对工装自身的刚性程度进行计算分析。

（5）优化设计

在焊接工装的主体设计及力学性能分析完成之后，考虑零件的材料硬度、大小、焊前加工过程中的变形情况，确定焊接工装与零件配合面的尺寸及间隙，以便于零件焊前装配及焊后拆卸。进行误差分析，从累计误差对装配及拆卸过程的影响、工装结构的刚性、重量、零件在焊接过程中的过程控制等方面因素对工装进行设计优化，以达到简化方案、完善图纸、方便使用、质量可控的目的。

（6）附属装置设计

主体结构确定后，便可以确定辅助装置，如踏板、起吊的形式及吊点位置，顶出装置等。

下面以一个工装设计实例过程来介绍整个环节。待焊产品是一个整体锥度为 $11°$ 的 2A14 铝合金舱段，最大处直径约 1.8m。按照搅拌焊结构设计原则将其分为 3 段进行焊接，焊缝采取搭接结构，搭接凸台后期通过机械加工去除（三维图如图 2 - 50 所示）。

图 2 - 50　2A14 铝合金舱段搅拌焊结构

第一步进行工况分析，此产品直径较大，为环形焊缝，即使在焊缝区域直径亦达到 1 700 mm 左右，所以要求搅拌焊机头的抬起高度能满足要求，且根据焊缝厚度 12.5 mm 选择 FSW - LM - 035 龙门式搅拌摩擦焊设备。在其活动平台上搭载搅拌摩擦焊环缝焊接装置，如图 2 - 51 所示。

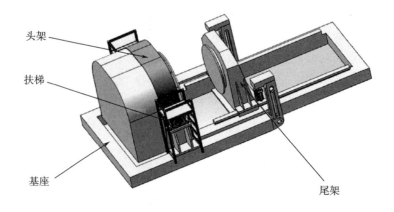

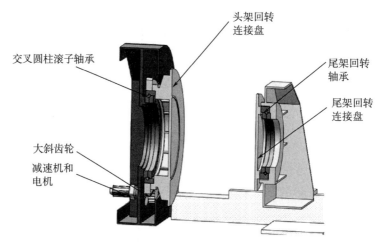

图 2-51 搅拌摩擦焊环缝焊接装置

其主要功能和能力包括：

1）装夹工装可覆盖回转体类零件的直径为 900～2 200 mm，零件长度为 500～1 500 mm。

2）焊接直径 $\phi \leqslant$ 1 500 mm 的零件，工装可抬升翻转角度不小于 15°。

3）焊接直径在 2 100～2 200 mm 的零件，零件不与 FSW-LM-035 设备龙门、主轴和机头部件发生干涉（其中龙门立柱高度为 2 700 mm，龙门宽度为 3 500 mm，主轴最高点距平台 2 350 mm，机头部件距平台 2 600 mm）。

4）装夹系统可承受 160 kN 的焊接压力，当承受的焊接压力为 100 kN 时，系统挠度不大于 0.8 mm。

能够满足该产品的搅拌摩擦焊焊接要求。其与工装的接口为头架回转连接盘与尾架回转连接盘，通过螺纹连接。但由于设备尾架回转连接盘较小，所以针对此产品需采用转接盘进行一次转接。分析完工况之后就开始进入方案设计阶段。

由于是回转体，焊接过程中的径向分力在工装中不用考虑约束，另外拓扑设备可以提供轴向分力约束，所以工装的主要作用是提供焊缝下部支撑力，故采用内撑工装。工装采用蒙皮结构是考虑到待焊工件尺寸大、焊接厚度大，可提供更高的刚性，但这也导致了整个工装看起来比较笨重。

下一步是结构设计，根据头尾架回转盘的接口尺寸设计工装的接口为凸台插接及螺纹紧固，通过工装上的环形圆盘进行搅拌摩擦焊焊缝的支撑，圆盘外圆面与产品内凸台配合，圆盘宽度大于产品内凸台单边 10 mm，并带有 45° 斜倒角以便于产品的装配，如图 2 - 52 所示。

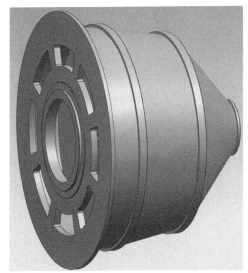

图 2 - 52　2A14 舱段焊接搅拌摩擦焊工装

产品结构设计完后，需对此结构进行力学性能分析。输入条件中的载荷大小为焊接顶锻力的大小。顶锻力大小在不考虑接头形式、材料的前提下，与焊接厚度呈现一定的正相关关系。在进行力学计算时，可以在此焊接顶锻力的范围内，适当加大安全系数，安全系数一般为 1.2～1.5。力学计算分析图如图 2 - 53 所示，对每条焊缝进行单独核算，从计算结果中可以看出，蒙皮结构相对于框架结构刚性更足，满足产品的焊接要求。

此工装优化设计主要针对力学计算的结果，对中间及端头的支撑盘面进行了适当的减重。确定了前凸台与头架回转连接盘的配合间隙为 0.1～0.3 mm，与产品凸台的配合间隙为 0.4～0.6 mm。在工装头部与产品接触面增加两个螺纹孔以安装台阶螺纹销，此螺纹销与产品端面上的通孔配合用于防止产品在焊接过程中打滑转动，以免破坏焊接过程中的稳定状态，由此产生质量问题。另外，考虑到脱模的方便，支撑盘面应设计一定的向外锥度，但这要注意设备能力中尾顶的力度以及产品凸台的同步更改。

附属装置设计同样至关重要，它牵涉到此工装使用过程中的方便安全性、使用时间的长久性等。由于此工装重量较大（约 1 吨），从安全生产的角度考虑，起吊点的选择及翻转方案尤为重要。起吊主要设置在质心点，通过在该位置点的蒙皮上开孔，穿吊带并在尾部辅助起吊。图 2 - 54 所示为此工装的翻转方案，针对大型、重型工装，其起吊安装亦是工装设计的关键点。

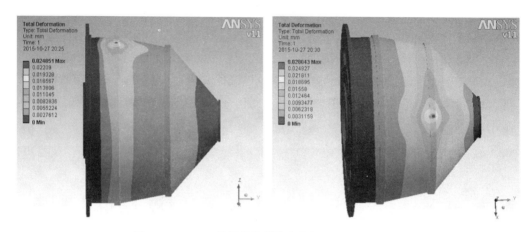

图 2-53   2A14 舱段焊接搅拌摩擦焊工装受力分析图

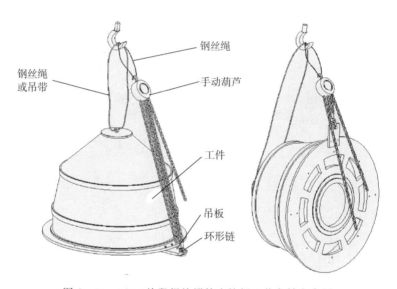

图 2-54   2A14 舱段焊接搅拌摩擦焊工装翻转方案图

（图中标注：钢丝绳、手动葫芦、工件、吊板、环形链、钢丝绳或吊带）

　　另外，由于产品焊接完后有一定的变形，所以在焊后脱模过程中也会存在卡滞现象，虽然可以根据膨胀系数不同，通过炉内低温加热产生间隙的方式脱模，但极大地影响了工业生产的进度，产生了能源、人力等资源浪费并且影响了工装使用寿命。所以在工装大端盘面上均布有 4 个螺纹孔，用顶出螺栓将焊后产品均匀受力顶出。

　　图 2-55 所示为 2A14 材料大型舱段焊接搅拌摩擦焊现场焊接过程。

　　总结搅拌摩擦焊工装设计原则主要有以下几点：

　　1）有足够的承载能力足以保证焊接过程中工件的稳定性和可靠性；

　　2）满足产品装至工装过程中操作简单及方便快速的要求；

　　3）避免结构复杂，通过优化设计去除冗余的部件，降低成本；

　　4）定位基准、起吊点的设置合理，便于操作；

　　5）配合间隙数值设置合理，方便安装的同时减少焊接风险。

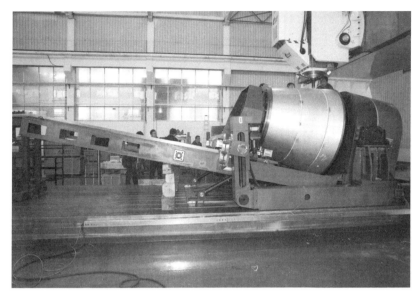

图 2－55 2A14 材料大型舱段焊接搅拌摩擦焊现场焊接

2.5.2 铝合金搅拌摩擦焊工装结构形式

搅拌摩擦焊工装要求刚性较好，能承受焊接顶锻力的同时要求振动幅度小，所以铝合金搅拌摩擦焊工装材料一般采用结构钢和型钢，部分关键位置甚至可以采用热处理状态的 45♯钢，以提高其接触面硬度。而工装的结构形式主要依据搅拌摩擦焊设备形式、产品结构形式、焊缝形式、工艺操作方法等作为设计输入条件。主要包括焊接功能部分、刚性支撑部分、设备接口部分以及辅助附属部分。搅拌摩擦焊工装根据支撑位置的不同分为内撑工装和外箍工装；根据功能的不同分为试板工装、纵缝工装、环缝工装和曲线工装等；根据提供焊缝约束力的不同分为手动工装、气动工装、液压工装和磁力工装等。下面简单列举一些搅拌摩擦焊工装进行说明。

2.5.2.1 试板工装

搅拌摩擦焊试板工装主要是焊接焊前焊后试板的专用工装，为通用工装，其工装形式是搅拌摩擦焊工装简单要素的合集，主要包含压块、侧顶、前顶、焊缝支撑平台（焊接功能部分）、主支撑和斜支撑（刚性支撑部分）、平台接口（设备接口部分）以及踏板等。搅拌摩擦焊试板工装结构如图 2－56 所示。

2.5.2.2 液压纵缝工装

液压纵缝工装也为通用搅拌摩擦焊工装，结构如图 2－57 所示。其构成与试板工装相似，只是出于其通用性和产品适应性方面的考虑，取消前顶及侧顶，完全通过并排的多对压板通过液压油缸提供下压力，以摩擦力来约束焊接过程中产品的前进力及侧分力。因为提供摩擦焊力有限，此种方式只能用于焊接 10 mm 以下厚度的薄板，对于中厚板，焊接过程中产生缺陷的概率极大。但其由于装夹方便，较为广泛地应用于薄板的对接焊中。

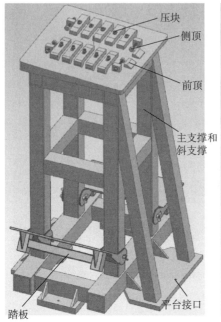

图 2-56　搅拌摩擦焊试板工装结构

图 2-57　搅拌摩擦焊纵缝工装

2.5.2.3　环缝内撑工装

环缝内撑工装焊接产品的结构为环柱件，其上分布有一条或多条焊缝。例如某壳体毛坯为锥形件结构，其工装采用模块式，由两端装配向中间合体。并且环缝内撑工装为了减小中间段蒙皮成形厚度，降低滚卷成形难度，减少加工工作量，在前端框处设计了涨紧块，通过涨紧块确保焊接装配关系和过盈量。此工装优点在于通过一次装夹即能约束产品及涨紧块，完成两条焊缝的焊接，但对工装的制造精度要求很高。图 2-58 所示为环形壳体产品示意及内撑工装结构。

图 2-58　环形壳体产品示意及内撑工装结构图

2.5.2.4　环缝外箍工装

环缝外箍工装主要针对封闭或半封闭回转体上的环缝设计，工装上环向 8 个压紧块（通过顶出螺栓）施加载荷紧紧抱住筒体外壁，通过前端的锥柱来进行导向装配及防转，通过观察孔来观测装配到位情况。此工装由于其可调的特点，便于产品装配及拆卸，不会出现产品变形难以拆卸的情况并且给产品加工更大的裕度空间。但此工装的弊端是必须在筒体产品内部加一个自支撑凸台来防止产品被顶锻力压塌，而且往往这种自支撑凸台在后期加工过程中难以去除。图 2-59 所示为环形壳体产品示意及外箍工装结构。

图 2-59　环形壳体产品示意及外箍工装结构

2.5.2.5　薄壁铝合金筒体搅拌摩擦焊工装

薄壁柱形筒体为 LY12CZ 铝合金筒体，由左端椎体、右端椎体及中间直筒体三部分组成，两条搭接环缝，直径为 90 mm，焊接厚度为 3 mm，焊接设备为 C 型结构 FSW–4CX–006 型搅拌摩擦焊设备。在工艺分析的基础上，工装结构如图 2–60 所示，主要包括：交流伺服电机和摆线针轮减速器构成的驱动部分、由滚轮构成的筒体支撑装置、筒体内部涨圆装置及气缸顶尖构成的防分开尾座装置。内部涨圆装置是关键结构，主要包括：内螺纹环、套筒、锥轴、涨块和外螺纹环。当锥轴轴向移动时，通过锥轴的圆锥面和涨块圆锥面的相互作用，使涨块沿着径向移动，其构成的外圆直径在一定范围内变化，从而实现零件的涨紧。

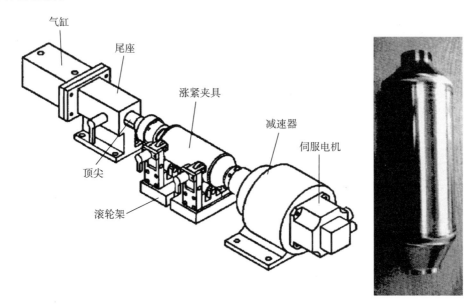

图 2–60　薄壁铝合金筒体搅拌摩擦焊工装

2.6　铝合金搅拌摩擦焊工艺

从原理上讲，针对一定的材料，只要能够找到这种材料锻压状态下能够有效工作的搅拌头材料和形状，就可以实现搅拌摩擦焊连接。如图 2–61 所示，迄今，搅拌摩擦焊已经被证明可以实现所有牌号的铝合金材料［如 2×××（Al–Cu），5×××（Al–Mg），6×××（Al–Mg–Si），7×××（Al–Zn），8×××（Al···）等］以及铝基复合材料的焊接；对于不同制造形态的铝合金，英国焊接研究所（TWI）已经实现了铸材和锻压板材的铝合金焊接。

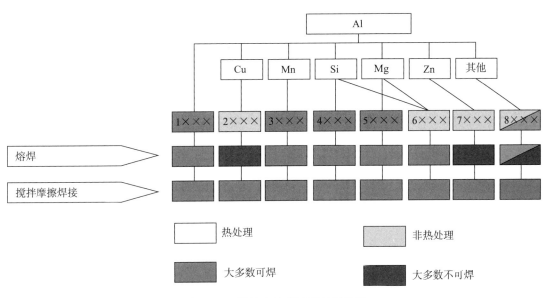

图 2 - 61　搅拌摩擦焊可焊材料种类

2.6.1　铝合金搅拌摩擦焊接头性能重要影响因素

　　焊接工艺参数是影响接头性能的最重要因素之一。搅拌摩擦焊焊接过程中，在搅拌头确定的情况下，影响接头性能的工艺参数主要有搅拌头旋转速度、搅拌头行进速度（焊接速度）、焊接压力（一般以压入量衡量）、焊接线能量、搅拌头的倾角等参数。一般而言，铝合金搅拌摩擦焊焊接时，其搅拌头的倾角一般控制在 $1°\sim4°$。

　　在搅拌摩擦焊焊接中，热源来自于搅拌头与工件的摩擦以及搅拌头旋转时搅拌针附近金属的塑性变形，其中，搅拌头与工件的摩擦热起决定作用，包括了搅拌头轴肩与工件表面的摩擦和搅拌针与工件的摩擦。搅拌摩擦焊热功率计算公式为

$$Q = \frac{\pi n \mu F (r_0^2 + r_0 r_1 + r_1^2)}{45(r_0 + r_1)} \qquad (2-1)$$

式中　Q——输入工件总的热功率（W）；

　　　r_0，r_1——搅拌头轴肩半径和搅拌针的半径（mm）；

　　　F——焊接压力（N/mm²）；

　　　μ——搅拌头与工件的摩擦系数；

　　　n——搅拌头旋转速度（r/min）。

　　若焊接速度为 v（mm/min），则由公式可得单位长度焊缝上的热输入量即焊接线能量 E（W/mm）为

$$E = \frac{\pi n \mu F (r_0^2 + r_0 r_1 + r_1^2)}{45 v (r_0 + r_1)} \qquad (2-2)$$

　　由上式可知，在搅拌摩擦焊焊接过程中，焊接线能量的大小取决于搅拌头轴肩和搅拌针的半径、压力、摩擦系数以及旋转速度与焊接速度之比（n/v）等。

因此，在焊接过程中，除被焊接材料的属性和焊接装配状态外，决定搅拌摩擦焊焊缝成形质量的主要工艺参数有搅拌头的结构形式、旋转速度、焊接速度。其中搅拌头的结构形式主要包括搅拌头的轴肩直径、搅拌针直径以及搅拌针表面所雕刻的形貌等。

2.6.2 铝合金搅拌摩擦焊工艺质量控制要求

红阳公司自 2004 年起开展搅拌摩擦焊焊接工艺研究近 15 年，结合工程实际应用，针对 12 mm 厚铝合金搅拌摩擦焊焊接，总结的基本流程及焊前准备要求如下：

搅拌摩擦焊的基本工艺流程如下：

焊前准备→工件装配→试运行及工艺参数的确定→定位焊及焊接→焊缝修整及质量检测。

（1）焊前准备

工件准备：工件接头对接面应平整、光洁、无毛刺、无倒角，保证对接面良好。焊前应将接头的锈迹、油污、氧化物等异物清理干净，可以采用机械方法、化学方法或超声波方法进行。

清理后的工件应防护好，建议用仿羊皮纸或气相防锈纸防护，操作过程中不允许污染工件。

工装准备：在工件结构允许的前提下，应采取整体刚性支撑工装。焊前将工装表面影响焊接质量及装配要求的物质清理干净。

设备准备：焊前必须将焊接设备表面影响焊接质量的油污等物质清理干净。所有焊缝都必须配备专用的焊接程序，并具有唯一的焊接程序号，焊接时直接调用。在定位焊及焊接前，均需要将焊接程序进行试运行，确保焊接程序正确无误。

（2）工件装配

对于装配对缝间隙、台阶差及搭接间隙要求见表 2-12、表 2-13 及图 2-62 所示。对于圆筒形工件的搭接或 T 型接焊接必须采取过盈配合，其过盈量控制参数见表 2-14。

表 2-12 对接焊对缝间隙及台阶差

单位：mm

焊接试板厚度	对缝间隙 a	对缝台阶差 b
≤3	≤0.3	≤0.3
>3～6	≤0.6	≤0.5
>6～12	≤1.0	≤0.7

表 2-13 搭接焊对缝间隙、台阶差及搭接间隙

单位：mm

焊接试板厚度	对缝间隙 a	对缝台阶差 b	搭接间隙 c
≤3	≤0.4	≤0.3	
>3～6	≤0.7	≤0.5	≤0.2
>6～12	≤1.2	≤0.7	

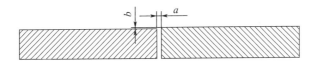

（a）对接焊接头对缝间隙及台阶差

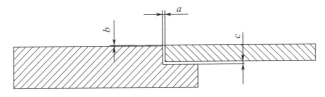

（b）搭接焊接头对缝间隙、台阶差及搭接间隙

图 2 - 62　工件装配

表 2 - 14　圆筒形工件搭接过盈量

单位：mm

搭接配合结构	机械加工工件搭接	手工成形与机械加工工件搭接
搭接过盈量	>0.2～0.5	>0.4～0.8
搭接装配间隙	<0.2	<0.2
T 型接过盈量	>0.2～0.5	>0.4～0.8
T 型接装配间隙	<0.2	<0.2

（3）焊接工艺参数选择

各参数根据实际接头形式及焊接情况进行匹配。

①主轴转速

焊接过程中主轴转速的选择见表 2 - 15。

表 2 - 15　主轴转速

焊件厚度/mm	主轴转速/(r/min)
≤3	300～1400
>3～6	300～800
>6～12	200～600

②焊接速度

搅拌摩擦焊焊接速度的选择见表 2 - 16。

表 2 - 16　焊接速度

焊件厚度/mm	焊接速度/(mm/min)			
	对接焊	搭接结构对接焊	搭接焊	T 型接焊
≤3	120～800		100～800	
>3～6	100～600		80～600	
>6～12	80～500		60～500	

③搅拌头倾角

搅拌摩擦焊搅拌头的倾角一般选择 $1°\sim4°$，具体形式如图 2-63 所示。

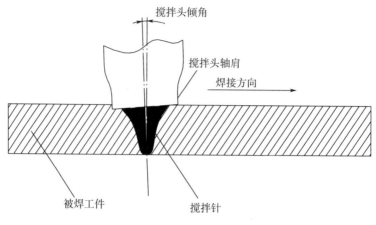

图 2-63　搅拌头倾角

④焊接顶锻力

搅拌摩擦焊焊接顶锻力的控制要求见表 2-17。

表 2-17　焊接顶锻力

焊件厚度/mm	焊接顶锻力/kN	
	定位焊	焊接
≤3	—	15±10
>3~6	12±8	30±15
>6~12		50±20

（4）搅拌头选择

搅拌头常用的结构形式有以下三种：光面搅拌头、螺纹搅拌头、三斜槽螺纹搅拌头。一般薄板选择光面搅拌头，中厚板选择螺纹搅拌头，厚板选择三斜槽螺纹搅拌头。

（5）焊接过程控制

1）焊接环境应保持洁净，操作者不允许污染工件。

2）工件焊接前必须对焊接区域进行仔细清理，清理结束后 72 h 内完成焊接。

3）可热处理强化的铝及铝合金工件，焊前需进行固溶热处理，焊后进行人工去应力时效处理。

4）对于不可热处理强化的铝及铝合金工件，对焊前状态不作要求，可焊后进行退火处理。

5）搅拌头在保证与工件间倾角不变的前提下，焊接时将搅拌头的轴肩（约 3/4 圆弧）压入到工件内部，另 1/4 圆弧露在工件表面。

2.6.3　铝合金 T 型接头搅拌摩擦焊工艺优化

由于 T 型接头焊接界面不同于对接或搭接接头，其界面与搅拌头呈垂直状态，其焊接缺陷形成机理和分布状态与对接接头不大相同，并且国内外针对 T 型接头搅拌摩擦焊的研究相对较少。

红阳公司结合型号产品的应用，针对 2A70 铝合金 T 型接头的搅拌摩擦焊开展了大量的研究工作。T 型焊接试板的材料均为 2A70 - T6 铝合金，由蒙皮板和搭接板组成，蒙皮板的厚度为 6 mm，外形尺寸为 500 mm×200 mm；搭接板的厚度为 12 mm，外形尺寸为 500 mm×40 mm，图 2-64 所示为 T 型接头搅拌摩擦焊焊接的示意图，使用型号为 FSW - 3LM - 006 的设备进行焊接。

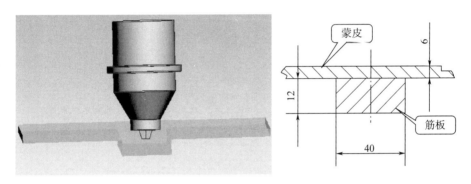

图 2-64　T 型接头搅拌摩擦焊焊接示意图

图 2-65 所示为 T 型接头界面压接线延伸的金相图，也是 T 型接头容易出现的缺陷之一，从图中可以发现：靠近前进侧的界面线（如图 2-65A 处）沿着焊核边缘向焊缝中延伸，靠近返回侧的界面线（如图 2-65B 处）在焊核边缘形成一个向上凸起的波峰，并且前进侧向焊缝中延伸的深度比返回侧深。

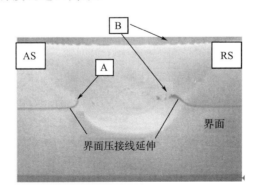

图 2-65　T 型接头界面压接线延伸金相图

为了测试焊缝的力学性能，首先将 T 型接头的搭接板铣掉，然后铣加工焊缝底部余量 1 mm，再铣加工焊缝上部余量 1.5 mm，保证试样的厚度为 3.5 mm，最后将试样铣加工成哑铃状的拉伸试样，并用细砂纸砂光拉伸区域。

图 2-66 所示为拉伸试样的断裂残骸，在靠近试样焊缝底部一侧区域断裂断口平齐而光亮，上部区域呈灰暗色，该试样的断裂方式符合脆性和韧性的复合断裂，其主要原因是有一个与主应力成 45°且斜卧在断面上的台阶，它是正断与切断两种应力状态发生转换时留下的特征。

图 2-66　拉伸试样的断裂残骸

为了进一步观察试样断口的微观形貌，将拉伸试样的残骸制成金相试样，其断口的金相图如图 2-67 所示，其中图 2-67（a）为拉伸试样断裂的宏观组织，从图中可以发现焊缝底部即 A 区拉伸断口平整，为脆性断裂，而焊缝的上部区域 B 成弧形的撕裂状，为韧性断裂。图 2-67（b）和图 2-67（c）分别为 A 区域和 B 区域的放大图，A 区域的断口平整，断裂的起点位于焊缝底部组织与母材金属交界处，呈脆性断裂，而且断裂的区域位于焊缝的前进侧；而 B 区域断口处呈齿状，在拉伸力的作用下以韧性断裂方式撕裂。

为了研究导致试样在焊缝底部发生脆性断裂的原因，在制作 FSW 拉伸试样的试板上截取金相，发现在其焊缝底部存在很弱小的界面，界面位置与上述拉伸试样断口位置一致，即位于焊缝底部与焊缝外形轮廓交界处，其向焊缝中延伸的深度约为 0.1 mm，如图 2-68 所示。这说明试样在焊缝底部区域存在很弱小的向焊缝延伸的界面线，此界面线为裂纹的产生源，在拉伸力的作用下发生脆性断裂，随着拉伸力的继续作用，裂纹向焊缝内部扩展，并转化为韧性断裂，从而导致焊缝强度的下降。因此，FSW 试样的性能较低主要是由于试样焊缝底部区域存在未加工掉的微小界面线所致。

（1）搅拌头轴肩直径对 T 型接头焊缝成形影响

为了研究搅拌头轴肩直径对 T 型接头焊缝成形的影响，采用了 4 种不同规格的搅拌头进行焊接试验，其轴肩直径分别为 22 mm、24 mm、28 mm 和 30 mm，焊接了 4 对试验样品，其对应的编号为 SB-1、SB-2、SB-3 和 SB-4，然后对焊缝进行了金相观察及机械性能检测。

(a) 断口宏观组织

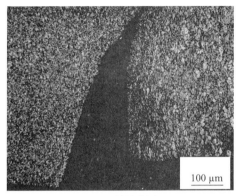

(b) A区域放大图

(c) B区域放大图

图 2 - 67　拉伸试样断口的金相图

　　在搅拌摩擦焊焊接过程中，轴肩对焊缝表面起到密封作用，同时决定焊缝表层金属摩擦热量的大小，因此搅拌头轴肩直径的大小必会对塑性金属的迁移行为产生影响。图 2 - 69 所示为不同轴肩直径搅拌头焊接的焊缝截面形貌，从图中可以看出，当轴肩直径为 22 mm 时，焊缝表面摩擦产热不足，金属流动不充分，焊缝上部未被金属填满，呈现出一沟槽型缺陷，并且偏向前进边；当轴肩直径为 24mm 和 28 mm 时，焊缝表层塑性金属流动充分，较多的塑性金属向下流动，使焊缝金属填充致密；当轴肩直径增大至 30 mm 时，焊逢金属表面出现过热现象，使焊缝表面过热就会出现丝状铝屑，图 2 - 70 所示为正常焊缝表面形貌和过热的焊缝表面形貌。

图 2-68　残留在拉伸试样上的微小界面线

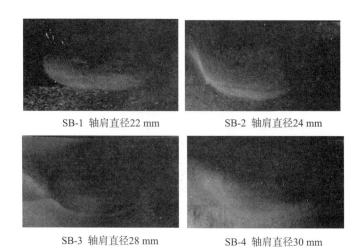

图 2-69　不同轴肩直径的焊缝横截面形貌

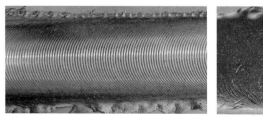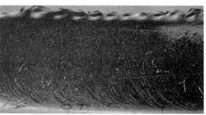

图 2-70　不同轴肩直径的焊缝横截面形貌

　　表 2-18 为在不同轴肩直径下焊接焊缝机械性能的统计表，从表中可以看出，当轴肩直径为 22 mm 时，焊缝的机械性能极低，当轴肩直径从 22 mm 增加至 28 mm 时，焊缝的抗拉强度和延伸率也随之增加，而当轴肩过分增大至 30 mm 时，焊缝的抗拉强度和延伸率却不再增加，因此，焊接 T 型接头时，轴肩的尺寸应设计为 28 mm。

表 2 - 18　不同轴肩直径下焊接焊缝机械性能统计表

项目 试样号	抗拉强度 σ_b/MPa				抗拉强度 σ_s/MPa				伸长率 δ_5%			
	1	2	3	平均值	1	2	3	平均值	1	2	3	平均值
SB - 1	200	250	255	235					0.7	1.1	1.5	1.1
SB - 2	350	340	365	351.7	265	265	260	263.3	9.5	10	9.0	9.5
SB - 3	380	370	375	375	310	335	300	315	11	12	9.5	10.8
SB - 4	375	375	370	373.3	285	285	280	283.3	11	9.0	9.5	9.8

（2）搅拌针长度对 T 型接头焊缝成形的影响

搅拌针的设计主要包括搅拌针的直径和搅拌针的长度，搅拌针直径的大小决定了焊核直径的大小，搅拌针的长度则决定了焊缝金属在厚度方向迁移量的大小，搅拌针长度越长，焊缝中更多的金属向上迁移，从而导致 T 型接头界面处的压接线向上迁移，延伸至焊缝中，从而使得焊缝的抗拉强度降低。

为了研究搅拌针长度和直径对 T 型接头焊缝成形的影响，选用了 6 种不同规格的搅拌头（图 2 - 71），其规格依次为 1～6，其中规格 1 至规格 5 的搅拌头轴肩直径为 24 mm，搅拌针的直径为 10 mm，其对应的搅拌针长度分别为 6.3 mm、6.8 mm、7.4 mm、7.8 mm、11.7 mm；规格 6 搅拌头的轴肩直径为 28 mm，搅拌针的直径为 12 mm，搅拌针长度为 6.8 mm，蒙皮板厚为 6＋0.5＋0.3。然后进行了焊接试验，焊接完毕后对焊缝进行焊拉机械性能和金相检测。

图 2 - 71　6 种不同规格的搅拌头

选用规格 1 至规格 5 的搅拌头进行焊接试验，即搅拌针长度分别为 6.3 mm、6.8 mm、7.4 mm、7.8 mm、11.7 mm，试板焊接后截取焊缝横截面进行金相分析，并测量前进侧和后退侧界面压接线延伸至焊缝中的深度。为了进一步分析压接线深度对焊缝抗拉强度的影响，将焊接试板制成 3 件拉伸试样，蒙皮板上表面的加工余量为 1.5 mm，下表面的加工余量为 1 mm，保证拉伸试样的厚度为 3.5 mm，此厚度与产品机械加工后的壁厚相同。

表 2-19 为 T 型接头界面压接线延伸至焊缝深度的统计表。从表中可以发现：随着搅

拌针长度的改变，界面压接线延伸深度亦发生变化，随着搅拌针长度的增加，压接线延伸深度也不断增加，当搅拌针长度为 6.3 mm 时，压接线延伸深度前进侧为 0.2 mm，返回侧为 0.15 mm；当搅拌针长度为 7.4 mm 时，压接线延伸深度前进侧达到 1.2 mm；当搅拌针长度增加到 11.7 mm 时，压接线延伸深度前进侧达到 2.5 mm。界面压接线的深度对焊缝的抗拉强度作用关系显著，随着界面压接线延伸深度的增大，焊缝的抗拉强度降低，这也意味着 T 型接头的抗拉强度随着搅拌针长度的增大而减小。当搅拌针的长度为 6.3 mm 和 6.8 mm 时，焊缝的抗拉强度相差不大，约为 365 MPa；而当搅拌针长度为 11.7 mm 时，焊缝的抗拉强度最低，仅为 107.7 MPa，断裂方式为脆性断裂，如图 2 - 72 所示，且断裂于前进侧，压接线向焊缝中延伸的现象很严重，贯穿于焊缝厚度方向，这也是拉伸试样断裂的起裂点。

表 2 - 19　界面压接线延伸至焊缝深度统计表

搅拌头规格	搅拌针长度/mm	前进侧压接线延伸深度/mm	返回侧压接线延伸深度/mm	平均抗拉强度/MPa
1	6.3	0.2	0.15	366.7
2	6.8	0.4	0.3	365
3	7.4	1.2	1.1	305
4	7.8	1.6	1.4	285
5	11.7	2.5	2.0	107.7

(a) 拉伸试样断裂残骸

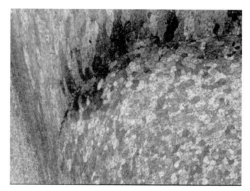

(b) 前进侧压接线延伸金相图

图 2 - 72　拉伸试样断裂残骸金相图

为了分析搅拌针直径对焊缝的影响，分别对规格 2（搅拌针直径为 10 mm）和规格 6（搅拌针直径为 12 mm），在旋转速度为 300 r/min、焊接速度为 150 mm/min 下进行了焊接试验。同时为了探究 T 型接头截面处塑性金属的流动情况，用铜箔作为标识材料，跟踪焊缝中塑性金属的流动情况。将铜箔置于蒙皮板与搭接板之间焊接成形，然后观察截面处焊缝塑性金属的流动情况。

图 2 - 73 所示为不同搅拌针直径的焊缝金相图。图 2 - 73（a）中截面处焊核宽度约为

12.2 mm，其前进侧界面压接线更多的向焊缝中延伸，约为 0.9 mm，返回侧的波峰约为 0.5 mm。相对图 2-73 (a) 而言，图 2-73 (b) 中截面处焊核较小，宽度约为10.3 mm，其前进侧和返回侧界面压接线向焊缝中延伸的深度分别为 0.4 mm 和 0.2 mm。同样，将焊接试板制成拉伸试样，其抗拉强度分别为 320 MPa 和 360 MPa。由此可见，适当地增大搅拌针的直径在一定程度上能减小界面压接线向焊缝中延伸的深度。

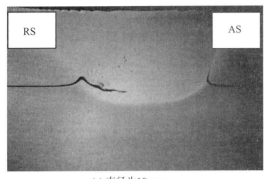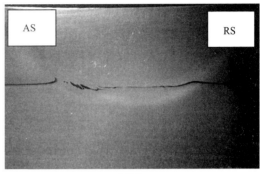

(a) 直径为10 mm　　　　　　　　　　　　　(b) 直径为12 mm

图 2-73　不同搅拌针直径的焊缝金相图

综上所述，针对 6 mm 厚蒙皮 T 型接头的焊接，搅拌头轴肩直径的最优值为 28 mm，为了增大焊核的宽度，搅拌针的直径应选择 12 mm，根据蒙皮的实际厚度，搅拌针的长度一般比蒙皮的板厚长 0.3～0.5 mm。

（3）焊接方式对 T 型接头焊缝成形的影响

焊接时选用了 3 种不同规格带右旋螺纹的搅拌头，搅拌头主轴逆时针旋转，搅拌针的直径分别为 10 mm、12 mm 和 14 mm，搅拌针长度均为 6.3 mm，使用型号为 FSW-3LM-006 的设备进行焊接，分别进行单道焊和并列焊，采用搅拌针直径为 10 mm、12 mm 和 14 mm 的搅拌头进行单道焊；采用搅拌针直径为 10 mm 的搅拌头进行并列焊，其中并列焊分为两种方式，焊缝中心间距均为 4 mm，一种方式是第 1 条焊缝在第 2 条焊缝的下方，即第 2 条焊缝的返回侧将第 1 条焊缝的前进侧覆盖，规定该方式为 ARR，另一种方式则相反，规定其方式为 AAR，图 2-74 所示为不同焊接方式的示意图。焊接完毕后对焊缝进行金相检测和机械性能测试。

图 2-75 所示为不同搅拌针直径作用下的焊缝截面形貌，焊接参数均为：旋转速度为 300 r/min、焊接速度为 250 mm/min，其中图 2-75 (a)、(b)、(c) 采用搅拌针直径分别为 10 mm、12 mm 和 14 mm 的搅拌头进行焊接，焊缝中洋葱环形貌清晰可见，焊缝底部的水平界面线与焊核熔合成一体，其水平界面处焊核的宽度分别为 9.4 mm、11.3 mm 和 13.2 mm，随着搅拌针直径的增大，焊核区域的宽度也随之增大，这是由于当焊接参数一定时，焊缝中塑性金属的变形程度取决于搅拌针直径的大小，搅拌针直径越大，其作用于焊缝金属的表面积越大，当搅拌头旋转一周时，能促使更多的塑性金属在搅拌针周围迁移，从而形成焊核的直径也越大。此外，为了获得较大的焊核，采用搅拌针直径为 10 mm 的搅拌头进行了并列焊，两条焊缝中心的间距为 4 mm，如图 2-75 (d) 和 (e) 所示，从

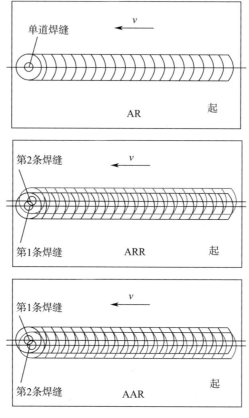

图 2 - 74   不同焊接方式示意图

图中可以发现，并列焊焊缝洋葱环形貌没有单道焊缝的明显，图 2 - 75 (d) 和 (e) 中焊核直径相差不大，约为 13.5 mm，焊缝中均有 3 个分界线，两边分别为前进侧和返回侧的分界线，图 2 - 75 (d) 中间分界线为第 2 条焊缝的返回侧，界面较为模糊，而图 2 - 75 (e) 中间分界线为第 2 条焊缝的前进侧，界面较清晰。

为了进一步探究焊接方式对机械性能的影响，对图 2 - 75 (a) ～ (e) 所示焊缝的机械性能进行了测试，其抗拉强度统计结果如图 2 - 76 所示，分别对应为图 2 - 75 中 (a) ～ (e)。图中 (a)、(b) 和 (c) 是采用搅拌针直径分别为 10 mm、12 mm 和 14 mm 的搅拌头在相同的焊接参数下进行焊接，焊缝的抗拉强度均在 370 MPa 左右，随着搅拌头直径的增大，焊缝的抗拉强度逐渐增大，但增大的幅度较小。图中 (d) 和 (e) 对应并列焊焊缝的抗拉强度，其抗拉强度分别为 350 MPa 和 345 MPa，是单道焊缝抗拉强度的 93% 左右。这与焊缝的热输入量有关，并列焊时焊缝金属经历了两次焊接，第 2 条焊缝热输入量对第 1 条焊缝晶粒影响较大，较大的热输入量促使焊缝中的晶粒长大，从而导致并列焊比单道焊接缝的抗拉强度低。此外，由于返回侧熔合过渡比前进侧的缓和，因而，并列焊中间界面为返回侧的焊缝比中间界面为前进侧的焊缝抗拉强度高。

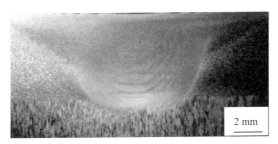

(a) 搅拌针直径为 10 mm AR

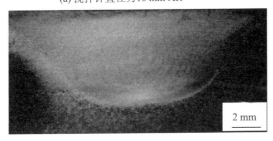

(b) 搅拌针直径为 12 mm AR

(c) 搅拌针直径为 14 mm AR

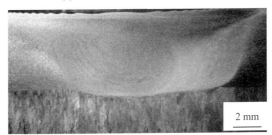

(d) 搅拌针直径 10 mm ARR

(e) 搅拌针直径 10 mm AAR

图 2-75　不同搅拌针直径作用下的焊缝横截面形貌

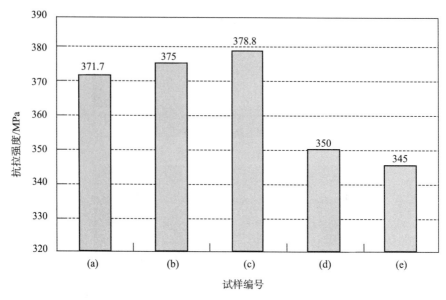

图 2-76　T 型接头焊缝显微组织金相图

（4）焊接速度对 T 型接头焊缝成形的影响

图 2-77 所示为采用搅拌针直径为 12 mm，旋转速度为 300 r/min，在不同焊接速度下的焊缝截面形貌，从图中可以发现，界面处焊核的宽度大致相等，约为 11.3 mm。为了获得无缺陷的接头，随着焊接速度的增加，其对应的顶锻压力也增加，此外，还可以发现，当焊接速度为 60 mm/min 时，焊核中洋葱环形貌较为模糊，而当焊接速度为 400 mm/min 时，焊核中洋葱环形貌清晰可见。图 2-78 所示为焊接速度与抗拉强度的关系图，随着焊接速度的增大，焊缝的抗拉强度也增大，当焊接速度为 400 mm/min 时，其顶锻压力约为 7 T，其抗拉强度可达 397 MPa。

由于搅拌摩擦焊是一个热机综合作用的过程，若使用的搅拌头规格一定，焊缝中的热量主要取决于旋转速度、焊接速度和顶锻压力。焊缝中热量不足则会出现孔洞和沟槽型缺陷，焊缝过热则会导致焊缝金属过分塑化，粘塑性降低，变形抗力降低，搅拌针行进过程中无法充分挤压其周围的金属，从而会出现焊缝组织疏松的缺陷。获得无沟槽和孔洞缺陷接头时焊接参数必须满足的条件为

$$PR/v \geqslant \alpha \qquad\qquad (2-3)$$

式中　P——压力；

　　　v——焊接速度；

　　　R——搅拌头的旋转速度；

　　　α——与搅拌头形状和被焊材料物理性能参数相关的数值。

对于特定的焊接过程，由于搅拌头和被焊材料是不变的，因此存在一个 α 的最小值，当上式成立时，才能获得无孔洞缺陷的焊缝。

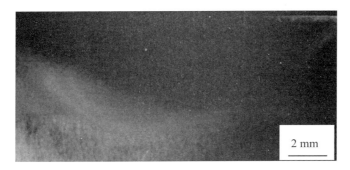

(a) v =60 mm/min　P=3.4～3.8T

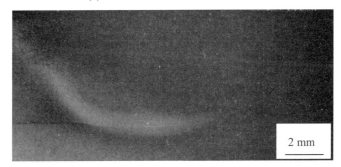

(b) v =120 mm/min　P=4.4～4.8T

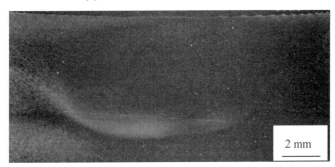

(c) v =250 mm/min　P=5.3～6.2T

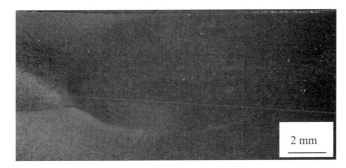

(d) v =400 mm/min　P=6.1～7.2T

图 2 - 77　焊接速度对焊缝横截面形貌的影响

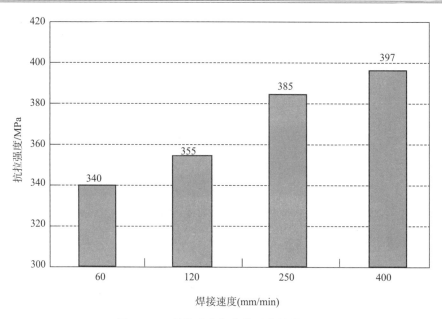

图 2-78　焊接速度与抗拉强度的关系图

（5）顶锻压力对 T 型接头焊缝成形的影响

图 2-79 所示为采用搅拌针直径为 12 mm，旋转速度为 300 r/min，焊接速度为 150 mm/min，在不同顶锻压力作用下的焊缝截面形貌。从图中可以发现，当顶锻压力为 2.5 T 时，焊缝中出现沟槽型缺陷，随着顶锻压力的增大，焊缝中洋葱环的形貌变得越来越清晰。从式 $PR/v \geqslant \alpha$ 中可以发现，当 R、v 和 α 一定，随着 P 的增大，焊缝接头的质量也越好。图 2-80 所示为顶锻压力与抗拉强度的关系图，随着顶锻压力的增大，其抗拉强度也随之增大。

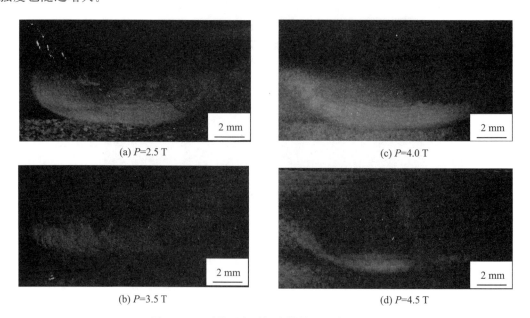

(a) P=2.5 T　　　　　　　　　　　　(c) P=4.0 T

(b) P=3.5 T　　　　　　　　　　　　(d) P=4.5 T

图 2-79　顶锻压力对焊缝横截面形貌的影响

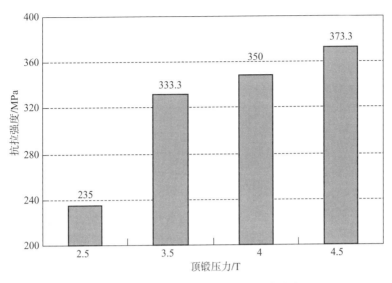

图 2 - 80　顶锻压力与抗拉强度的关系图

（6）铝合金 T 型接头工艺参数的正交试验优化

前期的单因素拉偏试验说明了焊接参数对焊缝成形影响极大，若工艺参数不合理或搅拌头结构与工艺参数不匹配时，将得不到理想的焊缝。为了进一步优化搅拌头的结构以及工艺参数，采用了三种不同轴肩直径的搅拌头进行正交试验，搅拌头的结构见表 2 - 20。

表 2 - 20　不同轴肩直径的搅拌头

搅拌头规格	螺纹形式	轴肩直径/mm
$\phi 26$	M12×2 螺纹三斜槽	26
$\phi 28$	M12×2 螺纹三斜槽	28
$\phi 30$	M12×2 螺纹三斜槽	30

焊接参数主要调整旋转速度和焊接速度，其他参数不变，焊接参数的调整结果拟定如下：旋转速度分别为 260 r/min、300 r/min、400 r/min；焊接速度分别为 150 mm/min、250 mm/min、350 mm/min。因此整个正交试验的设计为三因素三水平，正交试验表 L_9（3^4）设计见表 2 - 21，正交试验方案表见表2 - 22。

表 2 - 21　三因素三水平选择表

水平 \ 因素	轴肩直径	旋转速度/(r/min)	焊接速度/(mm/min)
1	$\phi 26$	260	150
2	$\phi 28$	300	250
3	$\phi 30$	400	350

表 2 - 22　正交试验方案表

因素 列号	搅拌头规格	旋转速度/(r/min)	焊接速度/(mm/min)
	1	2	3
C - 1	ϕ26	260	150
C - 2	ϕ26	300	250
C - 3	ϕ26	400	350
C - 4	ϕ28	300	350
C - 5	ϕ28	400	150
C - 6	ϕ28	260	250
C - 7	ϕ30	400	250
C - 8	ϕ30	260	350
C - 9	ϕ30	300	150

　　按照正交试验的参数设置进行了相应的试板焊接，并进行了 X 射线、超声及机械性能检测，其试验结果见表 2 - 23。

表 2 - 23　试样机械性能表

项目 试样号	抗拉强度 σ_b/MPa				伸长率 δ_5/%				焊接过程顶锻 压力记录/T	X 射线及超声 检测结果
	1	2	3	平均值	1	2	3	平均值		
C - 1	350	365	360	358.3	6.0	9.5	11	8.83	5.1~5.3	
C - 2	375	370	375	373.3	11	9.0	11	10.3	5.9~6.2	
C - 3	380	375	370	375	13	11	11	11.7	5.4~6.3	
C - 4	385	385	385	385	12	9.0	10	10.3	8.0~8.5	27 件试样经 X 射线及超声检测均 未发现超标缺陷
C - 5	360	355	360	358.3	8.0	7.5	6.5	7.3	4.7~5.1	
C - 6	375	375	370	373.3	9.0	11	8.0	9.3	6.0~6.8	
C - 7	365	370	370	368.3	7.5	9.0	11	9.2	5.0~6.0	
C - 8	375	385	380	380	10	10	11	10.3	7.0~8.0	
C - 9	365	355	365	361.7	8.5	6.5	7.5	7.5	5.5~6.4	

表 2 - 24　正交试验数据分析表

因素 列号	搅拌头规格	旋转速度	焊接速度	空列	抗拉强度/MPa	数据变换 $Y = y - 360$
	1	2	3	4(交互作用)		
C - 1	ϕ26	260	150	1	358.3	-1.7
C - 2	ϕ26	300	250	2	373.3	13.3
C - 3	ϕ26	400	350	3	375	15
C - 4	ϕ28	300	350	1	385	25
C - 5	ϕ28	400	150	2	358.3	-1.7
C - 6	ϕ28	260	250	3	373.3	13.3
C - 7	ϕ30	400	250	1	368.3	8.3

续表

因素 列号	搅拌头规格	旋转速度	焊接速度	空列	抗拉强度/MPa	数据变换 $Y = y - 360$
	1	2	3	4（交互作用）		
C - 8	$\phi 30$	260	350	2	380	20
C - 9	$\phi 30$	300	150	3	361.7	1.7
T_{1K}	30	31.6	-1.7	31.6		
T_{2K}	36.6	40	34.9	31.6	$T = 93.2$	
T_{3K}	30	21.6	60	30		
R（极差）	6.6	18.4	61.7	1.6		

根据正交试验设计原理，极差 R 的大小反映了该因数变化时试验指标的变化范围，可以用来衡量试验中相应因素作用的大小。极差大的因素，意味着它的三个水平对于试验结果造成的差别比较大，所以它是主要因数。根据本次试验分析（表 2 - 24）所示的结果，可以得出以下结论：

1）因素的极差越大，说明该因素对指标的影响越大，它就越重要，因此可以根据各列极差 R 的大小顺序排列出试验中各因素的主次关系。本次试验所选因素的主次顺序为：焊接速度、旋转速度、搅拌头轴肩直径。

2）结果分析表明，搅拌头的第 2 水平，旋转速度的第 2 水平，焊接速度的第 3 水平为较佳的参数水平；通过极差的计算发现焊接速度所反映的极差值一直处于增大的状态，具有望大特性。

3）从理论上分析，焊接速度对焊缝的抗拉强度具有望大特性，在其他参数固定的条件下，焊接速度越大，焊接的顶锻压力越大，由于焊接设备的极限承载压力为 8 T，产品焊接时选择的焊接速度不能过大。

（7）铝合金 T 型接头界面缺陷的分析

①T 型接头的界面缺陷及其检测技术

（a）T 型接头界面线向焊缝中延伸

图 2 - 81 所示为 T 型接头界面压接线延伸的金相图，其中 AS 代表前进侧，RS 代表返回侧，从图中可以发现：靠近前进侧的界面线沿着焊核边缘向焊缝中延伸，靠近返回侧的界面线在焊核边缘形成一个向上凸起的波峰，并且前进侧向焊缝中延伸的深度比返回侧深。形成该现象的原因是焊缝两侧受搅拌针的作用方式不同，前进侧焊核金属主要受到剪切作用，而返回侧的金属主要受到挤压作用，在搅拌针行进过程中，在靠近前进侧位置会形成一个瞬时空腔，在焊缝金属填充瞬时空腔时，返回侧界面处的金属受挤压，导致此处的金属微微向上隆起，形成一个小小的波峰；而前进侧界面处的金属开始受到剪切作用，在焊缝金属填充瞬时空腔时又受到挤压作用，两者的综合作用使得前进侧界面处的金属向焊缝中延伸。从图中还可以发现，搅拌针相对过长，扎入水平界面以下约 2.8 mm，**搅拌针的长度决定了焊缝金属在厚度方向迁移量的大小**，其长度越长，焊缝中更多的金属向上迁移，从而导致 T 型接头界面处的压接线向上迁移，延伸至焊缝中，从而使得焊缝的抗拉强度降低。因此，T 型接头焊接时需尽量减少界面线向焊缝中延伸的深度。

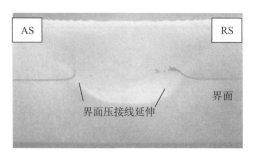

图 2-81　T 型接头界面压接线延伸金相图

（b）T 型接头界面线未破碎

图 2-82 所示为 T 型接头水平界面未破碎的金相图，从图中可以发现：靠近前进侧的界面线沿着焊核边缘向焊缝中延伸，靠近返回侧的界面线在焊核边缘形成一个向上微小凸起的波峰，并且前进侧向焊缝中延伸的深度比返回侧深，焊缝中间水平界面的铜箔呈断续状分布。前进侧的金属受搅拌针的作用，焊缝组织发生较大的流变，界面被搅碎并与铝合金混合分布，返回侧的金属受搅拌针的作用，界面没有充分搅碎，由原来的水平平直界面向焊缝底部迁移，焊缝底部的界面被搅拌挤压。从以上焊缝金属的流动程度可以发现，靠近前进侧水平界面金属的变形程度最大，焊缝正下方的水平界面处的金属变形程度相对最差。图中搅拌针扎入水平界面以下约 0.15 mm，搅拌针的长度相对过短，水平界面未充分破碎，导致 T 型接头的水平界面焊合程度降低。

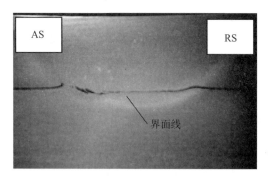

图 2-82　T 型接头水平界面未破碎金相图

②影响 T 型接头焊合的因素

（a）界面状态的影响

为了进一步探究界面状态对 T 型接头流动趋势的影响，采用了不同的标识材料进行试验，一共焊接 4 对 T 型接头试板，然后进行超声检测后，再解剖进行金相组织的观察，其焊接状态如表 2-25 所示。

FSW1 和 FSW2 焊接试板的界面一半置铜箔一半完好，其中 FSW1 焊接时的压力较大，而 FSW2 焊接时的压力较小，两焊接试板的超声 C 扫图如图 2-83 所示，界面置铜箔的位置焊缝超声 C 扫后显示白色的条带影像；FSW3 焊接试板的界面一半置铝箔一半完好，焊接压力约为 7 T，焊缝超声 C 扫图如图 2 - 84 所示，在置铝箔的焊缝处发现长约 20 mm 的"灰白点"影像，位于焊缝的中间；FSW4 焊接试板界面一半制作锤痕一半夹油，锤痕处的焊缝 C 扫图出现"灰白点"影像，超声 C 扫检测如图 2 - 85 所示。

表 2 - 25　焊接试板模拟试验状态

焊接试板编号	焊接状态	焊接压力	超声 C 扫结果
FSW1	界面夹 0.2 mm 的铜箔	7.5 T 左右	夹铜箔焊缝出现白色条带
FSW2	界面夹 0.2 mm 的铜箔	5.5 T 左右	夹铜箔焊缝出现白色条带
FSW3	界面夹 0.2 mm 的铝箔	7.0 T 左右	焊缝中间"灰白点"影像，长约 20 mm
FSW4	界面制造锤痕迹＋油污	7.0 T 左右	锤痕处的焊缝边缘 C 扫出现"灰白点"影像

(a) 压力较大Cu-1

(b) 压力较小Cu-2

图 2 - 83　界面夹铜箔超声 C 扫图

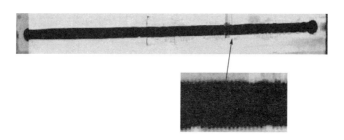

图 2 - 84　界面夹铝箔超声 C 扫图

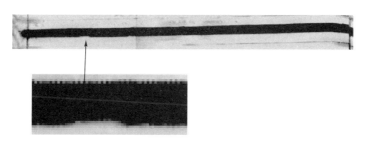

图 2 - 85　界面锤痕加油污超声 C 扫图

随后针对焊接试板超声 C 扫检测的结果进行了金相显微组织的观察，在 FSW1 焊接试板上夹铜箔的位置截取了 1♯金相试样，在 FSW3 夹铝箔 C 扫出现"灰白点"影像的位置截取 2♯金相试样，在 FSW3 夹铝箔未出现"灰白点"影像的位置截取 3♯金相试样。

　　图 2-86 所示为在 FSW1 焊接试板上夹铜箔位置截取的 1♯ 金相图，截取的金相位置在超声 C 扫时显示白色条带影像，从图 2-86（a）中可以发现焊缝底部水平界面在搅拌针的作用下被搅碎成断续状界面。图 2-86（b）所示为焊缝前进侧的微观组织形貌，前进侧的铜箔由于受到剪切和挤压的双重作用，此处金属受搅拌的程度最大，因此，该处的铜箔被搅拌成碎片状。图 2-86（c）所示为返回侧的微观组织形貌，此处的铜箔没有被搅碎，该处金属在搅拌针的挤压作用下，其界面发生了一定的变形。图 2-86（d）所示为焊缝底部显微组织，从图中可以发现，搅拌针穿透了水平界面，此处的铜箔只受到搅拌针端部的搅拌和顶锻作用，相对上层金属，该处金属受到搅拌的程度相对最差，但铜箔与铝合金材料结合处没有形成空间间隙，而是形成了一种具有结合的过渡层，由于铜箔与铝合金材料的声速差异，超声 C 扫检测时在整条焊缝上出现白色条带。

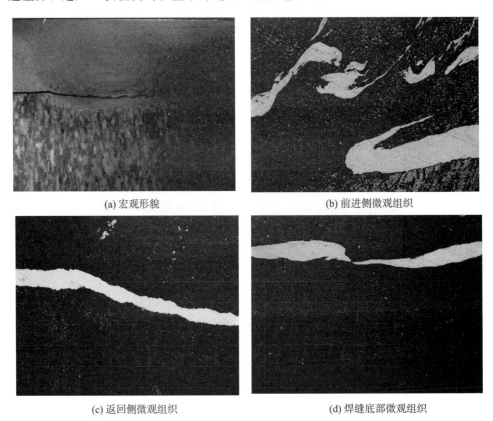

(a) 宏观形貌　　　　　　　　　　　　　(b) 前进侧微观组织

(c) 返回侧微观组织　　　　　　　　　　(d) 焊缝底部微观组织

图 2-86　1♯ 金相显微组织

　　图 2-87 所示为在 FSW3 焊接试板上夹铝箔且超声 C 扫时出现 "灰白点" 影像的部位截取的金相，即 2♯ 金相试样。从图 2-87 的金相显微图中可以发现，搅拌针已焊透铝箔，且前进侧的铝箔受到搅拌的作用最充分，铝箔呈现碎片状；返回侧的金属受搅拌针的作用次之；焊缝中间底部的金属受搅拌针的作用最弱，铝箔没有与铝合金基体形成空间间隙，过渡层的结合仍是连续的，但由于此处的金属受搅拌针的作用最弱，铝箔与铝合金原子间的扩散不充分，导致超声 C 扫时焊缝中间部位出现 "灰白点" 影像。

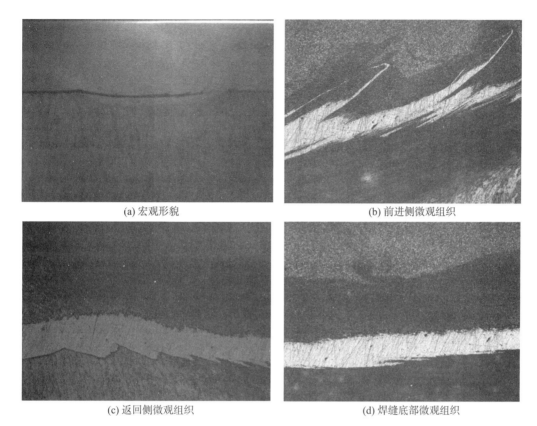

(a) 宏观形貌　　　　　　　　　　　　　(b) 前进侧微观组织

(c) 返回侧微观组织　　　　　　　　　　(d) 焊缝底部微观组织

图 2 - 87　2♯金相显微组织

图 2 - 88 所示为 FSW3 焊接试板上夹铝箔且超声 C 扫时没有出现异常部位截取的金相，即 3♯金相试样。图 2 - 88 的金相组织与图 2 - 87 的类似，几乎没有差异，但超声 C 扫时没有发现异常，这可能是由于焊缝中间底部铝箔与铝合金基体间的原子间扩散相对较充分，因此，超声 C 扫检测时没有发现异常。对于水平界面夹铝箔的 T 型接头，由于铝箔与铝合金基体的声速差异很小，相对铜箔而言，焊缝中间超声 C 扫出现"灰白点"影像的概率小。

从以上试验分析可以发现，T 型接头水平界面存在异种杂质或污染物时，在搅拌摩擦焊后，由于焊缝中间底部的金属受搅拌的程度相对较弱，此处界面金属结合在一起且是连续的，但由于没有充分进行原子间的扩散，超声 C 扫检测时在焊缝中间部位出现"灰白点"影像。

（b）搅拌针长度的影响

为了进一步确认影响 T 型接头性能的原因进行了拉偏试验，一共焊接了 5 对焊接试板，试板的状态如表 2 - 26 所示，焊接完毕后，将试板的焊缝表面见光，然后进行超声 C 扫检测，其中 FSW1 和 FSW4 的焊接试板的局部位置出现了类似产品出现的"灰白点"影响，如图 2 - 89 所示，对出现"灰白点"的焊缝位置线切割截取金相，FSW1 和 FSW4 焊缝金相组织如图 2 - 90 和图 2 - 91 所示，正常焊缝的金相组织如图 2 - 92 所示。

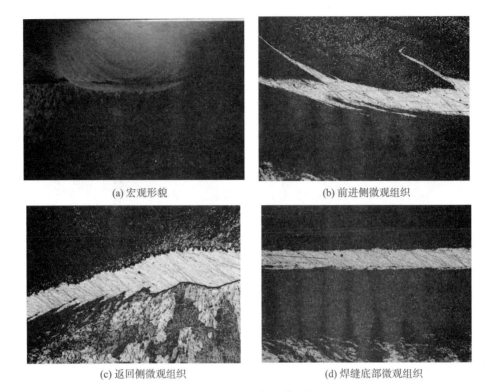

(a) 宏观形貌　　　　　　　　　　　　　　(b) 前进侧微观组织

(c) 返回侧微观组织　　　　　　　　　　　(d) 焊缝底部微观组织

图 2 - 88　3♯ 金相显微组织

表 2 - 26　焊接试板拉偏试验状态

焊接试板编号	焊接状态	焊接压力	超声 C 扫结果
FSW1	蒙皮实测厚度为 6.3 mm,搅拌针长度为 6.3 mm	6.5 T 左右	有一处出现"灰白点"影像
FSW2	蒙皮实测厚度为 6.1 mm,搅拌针长度为 6.3 mm,在蒙皮上沿着焊接方向刻槽,槽深约为 0.4 mm	6.5 T 左右,在槽位置压力下降	正常
FSW3	蒙皮实测厚度为 6.1 mm,搅拌针长度为 6.3 mm,在蒙皮上刻"十"字槽,槽深约为 0.4 mm	6.5 T 左右,在槽位置压力下降	正常
FSW4	蒙皮实测厚度为 6.15 mm,搅拌针长度为 6.3 mm,在蒙皮上垂直于焊接方向刻槽,槽深约为 0.4 mm	6.5 T 左右,在槽位置压力下降	有一处出现"灰白点"影像
FSW5	蒙皮实测厚度为 6.1 mm,搅拌针长度为 6.3 mm,在蒙皮上刻"井"字槽,槽深约为 0.4 mm	6.5 T 左右,在槽位置压力下降	正常

从以上试验结果分析可知，搅拌针的长度对 T 型接头水平界面的破碎起着重要的作用，从 FSW1 和 FSW4 焊接试板的状态可知，当搅拌针的长度与蒙皮的实测厚度相等或比其长约 0.15 mm 时，就会导致焊缝局部位置出现超声 C 扫检测的"灰白点"影像，从金相组织分析可知，前进侧的水平界面线在搅拌针的作用下微弱向上迁移，而返回侧的水平界面在搅拌针的作用下微弱向下迁移，而焊缝底部的水平界面线没有完全被搅拌针搅碎，呈线状分布在水平界面上；而正常焊缝组织底部的水平界面完全被搅拌针搅碎，前进侧和返回侧的水平界面线均微弱的向上迁移。

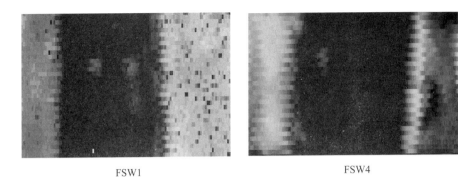

FSW1　　　　　　　　　　　　　　　　FSW4

图 2-89　拉偏试验超声 C 扫缺陷图

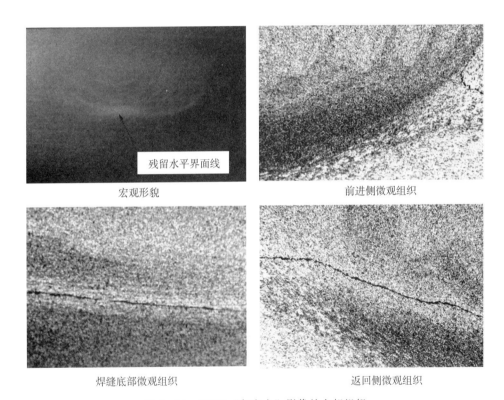

宏观形貌　　　　　　　　　　　　　　前进侧微观组织

焊缝底部微观组织　　　　　　　　　　返回侧微观组织

图 2-90　FSW1 "灰白点"影像处金相组织

　　随着搅拌针长度的增长，焊缝周围就会有更多的塑性金属参与厚度方向上的流动，其向上流动的趋势也增强，对水平界面的破碎作用也越强，其界面压接线向焊缝中延伸的深度也增大。

　　为了进一步探究搅拌针不同长度对 T 型接头水平界面的影响，采用不同长度的搅拌针焊接了 6 对试板，其焊接状态如表 2-27 所示，然后将焊接的试板进行超声 C 扫检测、金相检测以及机械性能测试，超声 C 扫检测结果如图 2-93 所示，金相照片如图 2-94 所示，焊缝性能如表 2-28 所示。

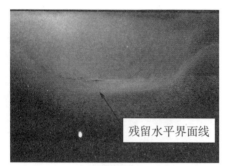

宏观形貌

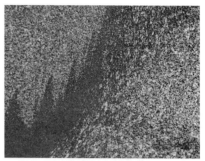

前进侧微观组织

焊缝底部微观组织

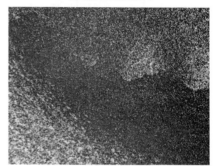

返回侧微观组织

图 2-91　FSW4"灰白点"影像处金相组织

宏观形貌

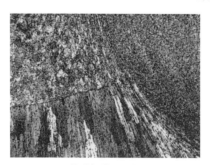

前进侧微观组织

返回侧微观组织

图 2-92　正常焊缝金相组织

表 2 - 27　采用不同长度搅拌针的焊接试验状态

试板编号	蒙皮厚度实测/mm	搅拌针长度/mm	搅拌针长度比蒙皮实测厚度大	焊接顶锻压力(6.5±1 T)
FW1	6.7	7.2	0.5	6.1~6.7
FW2	6.8	7.2	0.4	6.0~6.3
FW3	6.8	7.1	0.3	6.0~6.4
FW4	6.7	6.9	0.2	5.9~6.3
FW5	6.7	6.8	0.1	5.9~6.3
FW6	6.7	6.7	0	6.2~7.0

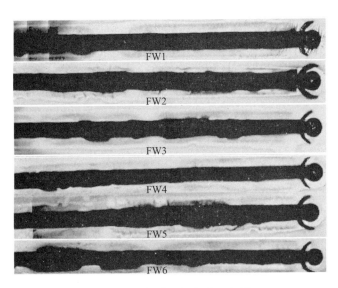

图 2 - 93　焊接试板超声 C 扫图

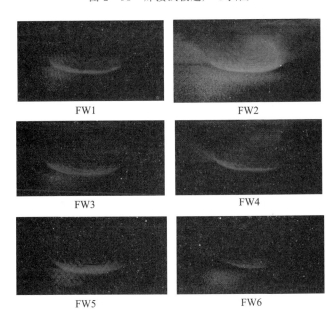

图 2 - 94　焊缝宏观组织

表 2 - 28　采用不同长度搅拌针的焊接的焊缝性能

项目 试板编号	抗拉强度 σ_b/MPa			伸长率 δ_5/%		
	1	2	3	1	2	3
FW1	395	390	390	8.5	7.0	7.0
FW2	395	390	395	5.5	5.0	5.0
FW3	390	390	395	8.0	9.0	8.0
FW4	395	390	385	6.5	8.0	8.5
FW5	390	390	395	8.5	9.5	9.0
FW6	385	395	390	8.0	8.0	9.0

对以上试验结果进行分析,从图 2 - 93 和图 2 - 94 中可以发现,搅拌针越长,T 型接头水平界面的破碎程度越好,而当搅拌针与蒙皮厚度实测值相当或比其长 0.1 mm,超声 C 扫图上出现了微小不超标的灰白点,搅拌针越长,焊缝金属的流动越充分。从图 2 - 94 的焊缝金相照片可知,当搅拌针比蒙皮的厚度实测值长 0.5 mm,水平界面距焊核底部约为 0.9 mm,焊核两侧界面线向焊缝中延伸的深度不超过 0.5 mm;当搅拌针比蒙皮的厚度实测值长 0.1 mm,水平界面距焊核的底部约为 0.5 mm,焊核两侧界面线几乎不向焊缝中延伸。

结合试验分析和焊接过程可知,尽管蒙皮的壁厚存在一定的公差,但搅拌针的长度又不能过长,搅拌针长度比蒙皮厚度的实测值大 0.5 mm 时,焊缝的水平界面线容易向焊缝中延伸。因此,采取搅拌针的长度比蒙皮实测厚度长 0.35 mm 的搅拌头,并进行了 5 对试板的焊接试验,以验证其稳定性,5 件试板经超声 C 扫检测均合格,并对 5 件焊接试板截取了金相进行显微组织的观察,如图 2 - 95 所示,其超声 C 扫图如图 2 - 96 所示,均没有发现"灰白点"影像。

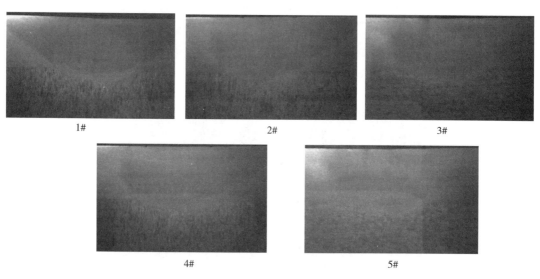

1#　　　　　2#　　　　　3#

4#　　　　　5#

图 2 - 95　焊缝金相组织

图 2-96　稳定型试验焊接试板的超声 C 扫图

从以上金相照片可以发现：当搅拌针的长度比蒙皮实测厚度长 0.35 mm 时，T 型接头焊缝底部的水平界面被搅拌针搅拌充分，没有发现线状界面线的残留，而焊缝两侧的界面线微弱向上迁移，向上迁移量不超过 0.4 mm，使用搅拌针的长度比蒙皮实测厚度长 0.35 mm 的搅拌头焊接 T 型接头更稳定可靠。

2.6.4　焊接次数对焊接缝成形性能的影响

选用的材料为 2A70-T6 铝合金，搭接板尺寸分别为 500 mm×100 mm×16 mm，被搭接板的尺寸为 500 mm×100 mm×30 mm，并在 30 mm 的厚板上加工 20 mm×16 mm 的搭接边，如图 2-97 所示。试板经过碱洗处理，焊前用丙酮或酒精擦洗试板搭接处。采用型号为 FSW-3LM-006 的搅拌摩擦焊接设备进行焊接，所使用的搅拌头规格为轴肩直径 30 mm、搅拌针直径 16 m。在相同的焊接参数下对 3 对试板进行多次焊接，焊接完毕后对焊缝进行金相检测和机械性能测试。

图 2-98 所示为旋转速度为 300 r/min、焊接速度为 140 mm/min 时，不同焊接次数的焊缝横截面形貌，其中 AS 代表前进侧、RS 代表返回侧。图 2-98（a）为焊缝经一次焊接后的截面形貌，从图中可以发现，焊核区域并没有形成清晰的洋葱环形貌特征，塑性金属在焊缝厚度方向上流动充分，焊缝组织优良。图 2-98（b）和图 2-98（c）分别为焊缝经二次和三次焊接后的截面形貌，随着焊接次数的增多，靠近前进侧过渡区的熔合宽度逐渐增大，而且焊缝在厚度方向上的流动也变得不充分，在上层焊缝靠近前进侧处出现内部孔洞缺陷，如图 2-98（d）所示。

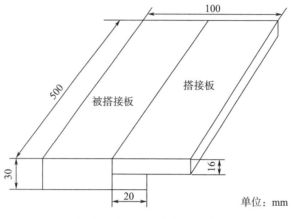

图 2-97　搭接试板示意图

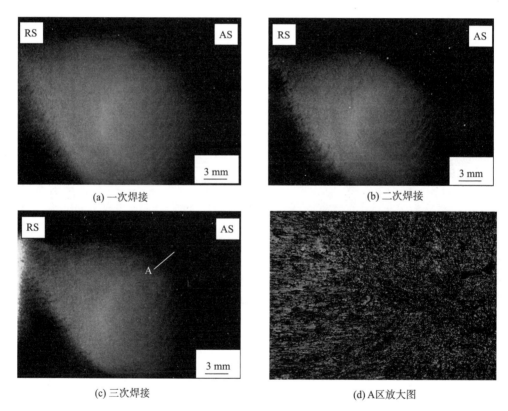

(a) 一次焊接　　　　　　　　　　　　　　　(b) 二次焊接

(c) 三次焊接　　　　　　　　　　　　　　　(d) A区放大图

图 2-98　焊缝横截面形貌

　　图 2-99（a）为前进侧的熔合过渡区微观形貌，焊缝金属变化剧烈，塑性金属呈现拉长状流变形貌，焊核区的晶粒细小。图 2-99（b）所示为返回侧熔合过渡区微观形貌，由焊核区细小晶粒缓慢过渡至母材较大的晶粒，塑性金属变形的梯度较前进侧缓和。图 2-99（c）所示为母材组织，母材主要由基本相 α（Al）和强化相 S（CuMgAl$_2$）组成，其中 S 相以颗粒状分布 α 相内，并起着强化作用，整个组织呈现出不均匀粗大的等轴状晶

粒，晶粒大小约为 12 μm。图 2 - 99（d）为一次焊接后的焊核组织，焊核组织晶粒细小，且分布均匀，在搅拌摩擦焊焊接过程中，处于焊核区的金属在搅拌头摩擦热和旋转搅拌的作用下，发生塑性变形，产生细小等轴状的动态再结晶晶粒，晶粒大小约为 5 μm，S 相（CuMgAl₂）经过搅拌摩擦焊后弥散分析。图 2 - 99（e）和图 2 - 99（f）分别为二次和三次焊接后的焊核组织，从图中可以发现，随着焊接次数的增多，晶粒变得粗大，S（CuMgAl₂）强化相偏聚于晶界处，其中经三次焊接后的焊核晶界越来越模糊，晶界处出现发毛、加粗的强化相。

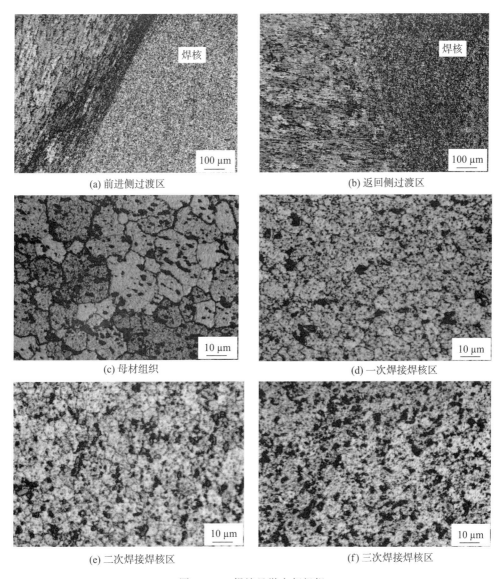

(a) 前进侧过渡区　　　　　　　　　　(b) 返回侧过渡区

(c) 母材组织　　　　　　　　　　(d) 一次焊接焊核区

(e) 二次焊接焊核区　　　　　　　　　　(f) 三次焊接焊核区

图 2 - 99　焊缝显微金相组织

在其他参数相同的情况下，焊核核心的晶粒与焊缝的热输入量有关，随着焊接次数的增多，焊核内的晶粒经过多次的重复热循环，提高了焊缝的热输入量。在搅拌摩擦焊过程

中，焊缝金属在搅拌头的旋转搅拌作用下发生动态再结晶，重新形核并长大，根据晶粒长大动力学有

$$D_r = A_0 \exp(-Q/RT)\tau_n \qquad (2-4)$$

式中　D_r——恒温下保温 τ 时间后的晶粒平均直径；

　　　A_0——常数；

　　　Q——晶界迁移激活能；

　　　T——绝对温度；

　　　R——气体常数。

因此，随着焊接次数的增多，焊核处再结晶晶粒受到的热量越多，则晶粒长大的趋势越明显，晶粒变得粗大，并出现过烧组织的特征。

为了进一步探究焊接次数对焊缝机械性能的影响，将经过不同焊接次数的焊缝加工成拉伸试样并进行了测试，其结果如表 2-29 所示。从表中可以发现，当焊缝经过一次焊接时，焊缝的抗拉强度为 355.5 MPa、屈服强度为 260.7 MPa、延伸率为 6.5%，随着焊接次数的增多，焊缝的抗拉强度、屈服强度以及延伸率均逐渐减小。这主要是由于随着焊接次数的增多，原本由一次焊接的细小等轴状晶粒变得粗大，而且晶界处聚集着大量的强化相，焊核组织出现过烧特征，拉伸试样在轴向拉应力的作用下，易沿晶界处断裂，因此，随着焊接次数的增多，焊缝的抗拉强度、屈服强度以及延伸率均降低。

表 2 - 29　焊缝经不同焊接次数的机械性能

焊接次数	抗拉强度/MPa	屈服强度/MPa	延伸率/%
一次	355.5	260.7	6.5
二次	336.5	253.0	5.2
三次	330.4	246.4	4.8

1）对于 16 mm 厚 2A70 - T6 铝合金搭接接头的焊缝，采用旋转速度为 300 r/min、焊接速度 140 mm/min 进行一次焊接时，可获得优质的焊缝接头。

2）随着焊接次数的增多，焊缝金属在厚度方向的流动性变差，焊缝内部出现空洞型缺陷，而且随着焊接次数的增多，提高了焊缝的热输入量，焊核处再结晶晶粒受到的热量越多，晶粒长大的趋势越明显，晶粒变得粗大，晶界处聚集着大量的强化相，并出现过烧组织的特征。

3）焊缝的抗拉强度、屈服强度以及延伸率均随着焊接次数的增多而降低。

2.6.5　厚板铝合金搅拌摩擦焊工艺优化

对于 30 mm 2A70 - T6 铝合金的焊接，搅拌头的倾角一般控制在 3°便可满足要求，其下压量控制在 0.6 mm，用其焊缝的抗拉强度作为评判依据，目标值为母材强度的 85% 以上，焊缝抗拉强度特性值 Y 为望大特性。

在本次试验中，选取旋转速度、焊接速度作为试验的可控因素，每个因素选取三个水平，可控因素水平如表 2-30 所示。

表 2 - 30　可控因素水平

水平 \ 因素	旋转速度 A/(r/min)	焊接速度 B/(mm/min)	下压量 C/mm
1	A1　240	B1　80	C1 0.6
2	A2　270	B2　100	C2 0.6
3	A3　300	B3　120	C3 0.6

据可控因素水平表，确定选用 $L_9(3^4)$ 正交表，试验方案如表 2 - 31 所示。

表 2 - 31　试验方案表

试验号 \ 因素	旋转速度 A/(r/min)	焊接速度 B/(mm/min)	下压量 C/mm	空列 e	抗拉强度/MPa	SN 比 η
SB1	A1	B1	C1	1	313.2	49.91
SB2	A1	B2	C2	2	321.3	50.13
SB3	A1	B3	C3	3	328.2	50.32
SB4	A2	B1	C2	3	305.8	49.70
SB5	A2	B2	C3	1	309.4	49.81
SB6	A2	B3	C1	2	326.6	50.28
SB7	A3	B1	C3	2	312.7	49.90
SB8	A3	B2	C1	3	317.9	50.04
SB9	A3	B3	C2	1	323.8	50.20
T1	150.37	149.52	150.24	149.93	CT = 22 533.09 T = 450.33	
T2	149.79	149.99	150.05	150.34		
T3	150.15	150.80	150.03	150.07		
R	0.57	1.28	0.20	0.38		

采用三平面螺纹搅拌头即轴肩直径为 38 mm，搅拌针根部直径为 20 mm，搅拌针的半锥角为 8°的螺纹三平面搅拌头，搅拌针的长度为 29.3 mm，一共焊接了 9 对厚板铝合金。其焊缝的表面形貌如图 2 - 100 所示。从图中可以发现，在旋转速度相同的条件下，焊接速度越低，焊缝表面越容易出现丝状铝屑，表面越粗糙；在焊接速度相同的条件下，旋转速度越高，焊缝表面越容易出现丝状铝屑。对以上试板进行 X 射线和超声检测，焊接试板检测均合格。将试板铣加工成拉伸试样并进行机械性能测试，断口形貌绝大部分呈现 45°韧性断裂，其测试结果如表 2 - 32 所示。

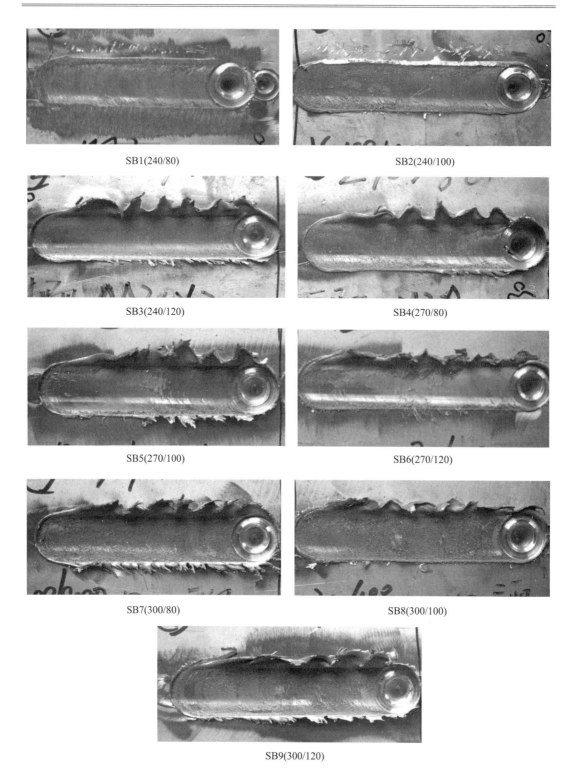

图 2-100　焊接试样表面形貌

表 2 - 32　焊接试板力学性能测试

试板编号＼项目	抗拉强度 σ_b/MPa	屈服强度 σ_s/MPa	伸长率 δ_5/％
SB1(240/80)	313.2	230.2	9.2
SB2(240/100)	321.3	238.5	9.6
SB3(240/120)	328.2	231.3	10.1
SB4(270/80)	305.8	225.6	9.8
SB5(270/100)	309.4	227.3	9.4
SB6(270/120)	326.6	246.4	8.2
SB7(300/80)	312.7	239.1	9.9
SB8(300/100)	317.9	244.8	9.5
SB9(300/120)	323.8	242.4	10.0

按照表 2 - 31 的试验方案焊接了 9 对试板，每件焊接试板取 3 件拉伸试样，然后取平均值，将拉伸试样平均抗拉强度值相对应地填入表 2 - 32 中。

图 2 - 101 所示为焊缝横截面形貌，从图中可以发现，焊缝呈现 V 状，焊核两侧金属关于焊缝中心不对称，前进侧的过渡区较窄，返回侧的过渡区较宽，而且前进侧的界面明显，在靠近前进侧的中上层位置，焊缝金属流动较为紊乱，这也是厚板铝合金焊接时容易出现缺陷的地方。

由于质量特性-焊缝抗拉强度属于望大特性，根据表 2 - 31 中 SN 比计算结果直观分析可以看出：$\eta =50.32$ 为最大，故第 3 试验方案的参数为表中最佳参数组合，即 A1B3，与极差计算的结果一致，即旋转速度为 240 r/min，焊接速度为 120 mm/min 时，焊缝的抗拉强度最大，达到了 328.2 MPa。

各因素对质量特性影响的重要程度可以由极差 R 的大小来确定，极差越大表明该因素对质量特性的影响越大。因此，由表 2 - 31 中数据可知：各因素 A、B 对质量特性值影响的重要程度排序如下：

为了进一步验证所选择最佳工艺参数组合的有效性，对所确定的工艺参数组合进行焊接工艺试验，所选择的参数为 A1B3 即下压量为 0.6 mm、旋转速度为 240 r/min、焊接速度为 120 mm/min，一共焊接了 3 对厚 30 mm 2A70 - T6 铝合金试板，焊接试板的编号分别为 FSW1～FSW3，焊接完毕后进行 X 射线和超声检测，然后进行机械性能测试。结果表明：采用优化的工艺参数焊接的试板经 X 射线和超声检测均合格，焊缝的抗拉强度约为 328MPa，屈服强度约为 230 MPa，延伸率约为 8.5％，焊缝强度达到了母材的 85％（375 ×85％＝318.5 Ma），焊缝延伸率不低于母材标准值（母材延伸率为 4％）。

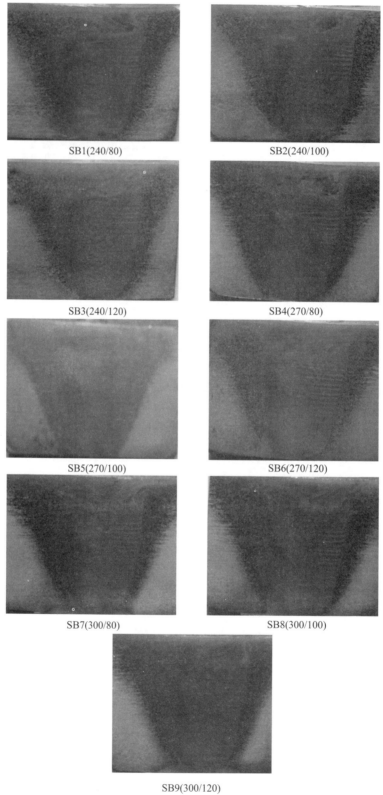

图 2-101　焊缝横截面形貌

第3章 铝合金材料搅拌摩擦焊质量检测

3.1 概述

搅拌摩擦焊作为一项新型连接制造技术，与传统的熔焊技术相比，它在控制焊接变形、提高焊接接头强度、改善焊接接头耐疲劳性能等方面具有突出的优势，得到人们的广泛关注和深入研究，其中接头内部质量检测、组织形貌、力学性能等方面检测技术同期得到深入研究。本章就铝合金材料搅拌摩擦焊焊接接头相关的质量检测技术研究进行叙述。

3.2 铝合金搅拌摩擦焊缺陷

铝合金搅拌摩擦焊缺陷主要包括内部缺陷和表面缺陷，表面缺陷比较直观，可通过目视、渗透检测等方法完成外观检查，本节中不作阐述；其内部缺陷类型、位置、形成机理及对焊缝性能影响等方面与传统的熔焊缺陷不同，为主要研究对象，包括弱结合缺陷、隧道孔洞缺陷、夹杂缺陷、分层缺陷、未焊透缺陷等。其缺陷主要分布位置如图 3-1 和图 3-2 所示。

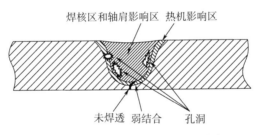

图 3-1　对接接头焊缝缺陷位置分布

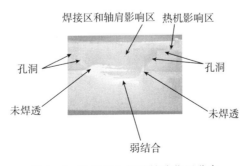

图 3-2　T 型接头焊缝缺陷位置分布

3.2.1　铝合金搅拌摩擦焊常见缺陷及图谱

3.2.1.1　弱结合（Kissing bond）缺陷

在搅拌摩擦焊焊接接头的高倍金相组织中，弱结合为不连续的微小孔洞或夹杂紧密的排列成一定走向的连续点状缺陷，多分布在焊缝的焊核区一侧。形成原因与焊接接头压合精度、搅拌头形状及顶锻力不足有关，该缺陷影响焊接接头的力学性能，影响程度与弱结合深度有关。弱结合缺陷是铝合金材料搅拌摩擦焊焊接接头常见的一种缺陷，该缺陷在金相显微镜下观察呈断续弯曲的细小曲线，因形状像"S"，又称为"S"线。该缺陷从焊缝对接界面反面或搭接界面处起始，沿熔合线或焊缝对接界面向焊缝里面延伸。

此种缺陷对焊接接头的力学性能影响较大，试样的抗拉强度显著下降，在试样拉伸过程中能听到两次"啪、啪"的响声，试样拉伸缺陷断口与正常断口出现明显的分界面，缺陷断口处颜色发暗。试样的金相组织和断口形貌如图 3-3 所示。

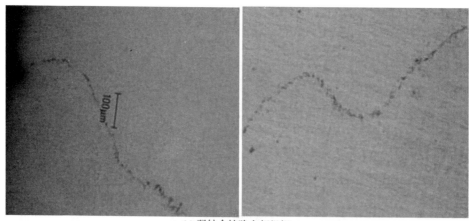

(a) 弱结合缺陷金相组织

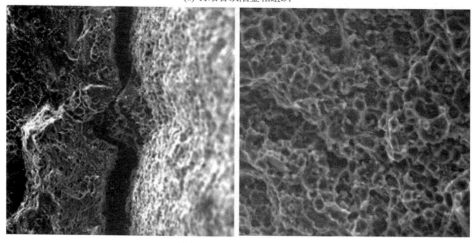

(b) 弱结合缺陷截面断口扫描电镜形貌

图 3-3　搅拌摩擦焊焊接接头中弱结合缺陷的金相组织图及断口扫描电镜形貌

3.2.1.2　隧道孔洞（虫孔）

隧道孔洞在高低倍下观察均呈形貌不规则的孔洞，宛如虫子咬过的痕迹，也称为"虫孔"，其特征为焊缝区缺肉，少数也能观察到类似疏松的组织，由于其在焊缝区内存在面积较大的孔洞，严重降低了焊缝区的力学性能，虫孔缺陷及典型金相组织图如图 3-4 和图 3-5 所示，电镜扫描图如图 3-6 所示。

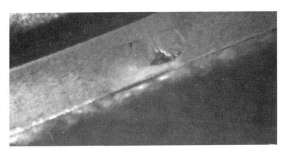

图 3-4　低倍下观察的虫孔缺陷

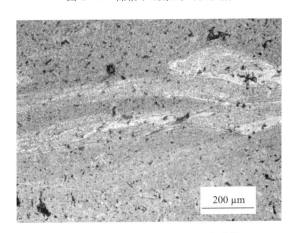

(a) 带状异金属夹杂及虫孔金相组织形貌

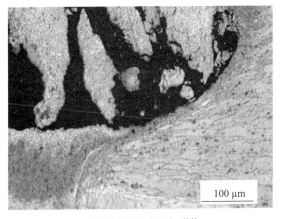

(b) 虫孔缺陷金相组织形貌

图 3-5　虫孔金相组织形貌

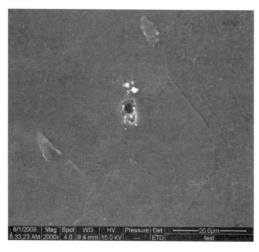

图 3 - 6 　虫孔缺陷电镜扫描形貌

3.2.1.3 　夹杂缺陷

（1）带状异金属夹杂

带状异金属夹杂主要是由于试样表面包铝层未清除或未除尽，在焊接时搅拌头附近金属的塑性流动将其卷入熔合区所致，多出现在焊缝区层间压合线附近，其形态呈带状，腐蚀后在显微镜下观察为白色带状组织。此类缺陷一般深度较浅，对接头力学性能影响不大。该缺陷典型金相组织形貌如图 3 - 7 所示。

图 3 - 7 　带状异金属夹杂金相组织形貌

（2）夹杂

在高倍下，夹杂为焊缝区组织中大量块状、粒状黑色异物，与第二相相近，可分为金属和非金属夹杂。在搅拌焊接时由于搅拌头磨损、外来异金属或扎穿垫板所引起的为金属夹杂，而因为焊接接头未清理干净或表面氧化皮搅入所引起的夹杂为非金属夹杂。通常情况，夹杂缺陷若较小且弥散分布，对焊接接头的力学性能影响相对较小；若夹杂为大块且面积区域较大，将显著降低焊接接头的力学性能。该缺陷典型金相组织形貌如图 3 - 8 所示。

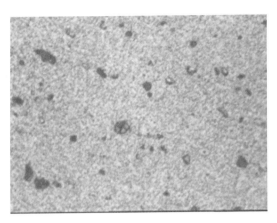

图 3-8 非金属夹杂金相组织形貌

3.2.1.4 分层缺陷

在焊接过程中，焊接接头近表面出现分层，主要集中在前进侧，有的沿焊接方向呈线状，有的呈点状，分层面浅而薄，热处理后分层在表面鼓起来形成夹层（分层）鼓包，距表面深度在 0.1~0.5 mm，有的向焊缝里面延伸。在金相试样上能看到连续或间断性线状裂纹，延伸深度约 5 mm。近表面夹层（分层）鼓包缺陷如图 3-9 所示。

(a) 近表面夹层(分层)鼓包试样截面图

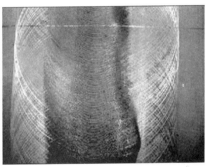

(b) 近表面夹层(分层)鼓包试样正面图

(c) 近表面夹层鼓包试样截面金相形貌图

(d) 近表面鼓包试样截面金相形貌图

图 3-9 鼓包试样截面及金相组织形貌

3.2.1.5　晶粒异常长大

搅拌摩擦焊后接头在固溶热处理后焊缝组织异常长大产生宏观或微观粗大晶粒，从金相分析看，晶粒异常长大发生的区域主要在焊缝核心区和焊缝表面，在这两个区域晶粒长大成几十微米甚至几百微米，晶粒异常长大金相组织形貌如图 3-10 所示。

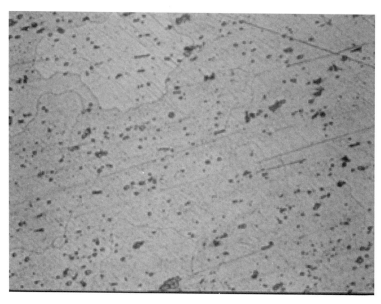

图 3-10　晶粒异常长大金相组织形貌

3.2.2　铝合金搅拌摩擦焊常见缺陷产生机理及控制

3.2.2.1　弱结合缺陷

国内外从事搅拌摩擦焊的科研工作者对弱结合缺陷展开了深入的研究，重点对缺陷产生的机理进行分析研究，但到目前还没有形成一致的结论。大多学者认为，产生该缺陷的主要原因是：被焊材料焊接界面存在氧化物等杂质，在焊接过程中界面氧化物等杂质在搅拌头的搅拌作用下卷入焊缝，若搅拌头及焊接参数不是最优状态，氧化物等杂质没有被充分搅拌、破碎、弥散便形成弱结合缺陷。一些学者专门对弱结合界面进行能谱分析和扫描，发现弱结合界面处氧元素含量高于正常焊缝其他区域。在工艺试验研究中发现：焊接过程中焊接接头配合间隙过大及搅拌头结构形状不合理，同样会导致弱结合缺陷的产生。

3.2.2.2　隧道孔洞（虫孔）

分析隧道孔洞类缺陷形成的机理，主要有三个方面：1）焊接过程中搅拌头轴向下压量不足，轴肩的顶锻力偏小；2）零件配合部位存在较大间隙，塑化金属不能及时填充；3）焊接工艺参数匹配不合理，特别是焊接速度相对旋转速度（焊线距）比值相对过快。

隧道孔洞一旦产生，焊接接头几乎没有什么强度和塑性。为控制此类缺陷，在焊接过程中，必须保证装配间隙，同时选择合理的工艺参数并控制搅拌头轴向下压量。

3.2.2.3　夹杂缺陷

分析带状异金属夹杂和非金属等夹杂缺陷形成的主要原因是：在焊接过程中，焊接工装刚性较差或搅拌头轴向下压量过大，导致搅拌头扎到焊接支撑垫板；此外，搅拌头断裂残留的金属磨损粉末及装配过程中配合面夹入的金属屑或金属末，在搅拌过程中带入焊缝而导致夹杂。

3.2.2.4　分层缺陷

分层缺陷产生的主要原因是由焊接材料表面包纯铝层在焊接过程中卷入引起，焊接过程中轴向压力和轴压入深度不足也可能造成甚至加重此种缺陷。通常铝合金板材在轧制过程为改善其工艺性以及在后续存放使用过程中起保护作用，往往在表面包覆一层薄的纯铝。由于材料包铝层在焊接前未清除或是未清除干净，在随后焊接中搅拌头轴肩和搅拌针的机械搅拌及顶锻作用将已塑化的金属基体连同表面包铝层一起搅拌重组。包铝层因其含的合金元素比基体金属要少得多，基本为纯度很高的铝，强度较低，但塑性极好，故在搅拌过程中基本不发生断裂而直接被卷入焊缝，最终形成呈线状的塑性条带。

该种缺陷大多情况下都处于焊接接头的近表面，深度在 0.2 mm 左右，对焊接接头的力学性能（抗拉强度、屈服强度、延伸率等）影响不大。但如出现工艺参数不合理，包铝可能卷入较深的深度，这时将大大降低焊接接头的力学性能。因此，在焊接前采用机械打磨或化学清理的办法清除干净焊接材料表面包铝层或者选择不包铝的焊接材料，同时选择合适的焊接工艺参数，尤其是搅拌头轴肩压入深度，选择合适便可以有效控制此种缺陷的产生。

3.2.2.5　晶粒异常长大

晶粒异常长大的现象引起了国内外学者的浓厚兴趣，国外研究资料认为：核心区的晶粒异常长大是因为核心区在搅拌摩擦焊后晶粒非常细小，界面能相对较高，在热处理过程中一旦工艺参数选择不当就会快速聚集长大；焊缝表面晶粒异常长大是由于表面存在氧化物、表面焊接应力较大及温度较高引起的，但真正的原因还在进一步分析研究中。

3.3　铝合金搅拌摩擦焊缺陷检测及分析

3.3.1　铝合金搅拌摩擦焊缺陷检测难点

在航空航天产品中，类似熔焊等焊接产品的焊缝采取无损检测方法，一般使用 X 射线检测。针对铝合金材料特点，搅拌摩擦焊焊接内部缺陷类型、组织形貌特征与常规熔焊有差异，主要包括以下情况：

（1）搅拌摩擦焊特有的弱结合缺陷不易检出

弱结合是搅拌摩擦焊特有的焊接缺陷，被连接材料紧密接触但未形成有效的物理结合，是一种面形缺陷，该类缺陷的宽度只有几微米，长度大概在数十微米到数百微米不等，并且走向不规则，常规 X 射线检测方法很难检测此类缺陷。这类缺陷会严重降低结构的可靠性，是搅拌摩擦焊最严重的缺陷之一。

（2）一些微小孔洞类缺陷或某些形状、取向不良的孔洞类缺陷不易发现

熔焊焊缝中气孔缺陷呈球状体积形缺陷，对不同角度的 X 射线束能量都能有效吸收，在胶片上形成影响。而搅拌摩擦焊焊缝中孔洞缺陷产生的机理不同于熔焊，一般呈不规则形状，有的带尖角或带缝隙。有的沿焊缝延伸方向由一个个孔洞连接或相邻而成，呈虫状；有的由多个孔洞连通，呈隧道状；有的孤立存在。其中，一些孤立存在的孔洞或存在于长条形孔洞（虫状、隧道状）末端比较微小的孔洞缺陷，因其形状、走向，采用 X 射线检测不易有效发现。

（3）深度较浅的分层缺陷不易发现

搅拌摩擦焊中的分层缺陷呈片状面积形，距表面深度较浅，有的向焊缝里面延伸，该类缺陷沿焊接方向有的有一定延伸，有的呈点状。因其形状、走向，采用 X 射线检测不能有效发现。

（4）不同深度的未焊透缺陷不易发现

常规搅拌摩擦焊的未焊透缺陷通过 X 射线检测均可发现，但一些深度较浅，且走向不垂直底面的未焊透缺陷通过 X 射线检测不易发现。此类未焊透缺陷在搅拌过程中受到搅拌头影响，走向发生变化，如图 3-11 所示。

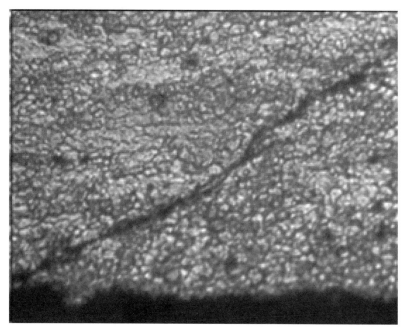

图 3-11　走向发生变化的未焊透缺陷金相组织形貌

由于这些特点在铝合金搅拌摩擦焊内部缺陷检测过程中，采用一种无损检测方法无法有效保证检测质量，为此在航空航天产品铝合金搅拌摩擦焊产品内部质量检测中结合焊接工艺及结构特点，在条件允许的情况下选择两种及以上的检测方法。

3.3.2　超声检测

3.3.2.1　超声检测原理

超声检测原理如图 3-12 所示，是利用超声传播规律，声波在材料和试件中传播时声脉冲遇到声特性阻抗有变化时（如出现缺陷或材料变化时），入射声波发生反射、透射和散射作用，声能发生变化，声波传播路线发生改变，接收对比研究声波变化特性，从而实现对材料和试件结构缺陷的检测。

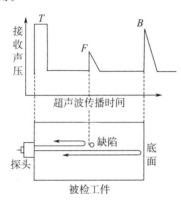

A 型显示原理图（T—始波，F—缺陷波，B—底波）

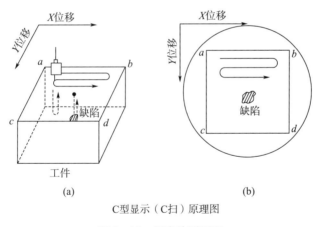

C 型显示（C 扫）原理图

图 3-12　超声检测原理

3.3.2.2　超声检测工艺

（1）超声检测仪

检测铝合金搅拌摩擦焊焊缝的超声检测仪至少应满足表 3-1 的要求。

表 3-1　铝合金搅拌摩擦焊焊接超声检测设备主要技术指标

序号	名称	主要技术参数
1	频率范围/MHz	0.5~45
2	增益范围/dB	0~100
3	声速范围/(m/s)	500~20 000

续表

序号	名称	主要技术参数
4	发射电压/V	300
5	脉冲重复频率 /kHz	10
6	水平线性	≤1%

（2）超声C扫成像检测

超声C扫成像检测装置至少包括由超声检测仪与探头、机械扫查装置（包括探头运动装置、产品旋转运动装置）、水循环装置（内含浸水槽和辅助控制装置）、伺服驱动、主控制器（信号处理显示、记录和运动控制装置）等部分构成。机械扫查装置共有X轴、Y轴、Z轴、产品旋转轴（称为θ轴）、探头水平旋转轴（以下称为α轴）、探头垂直旋转轴（以下称为β轴）六个控制轴，位置控制分辨率为1 μm，各轴重复定位精度不大于0.1 mm。

超声C扫成像软件用于控制机械扫查装置和产品旋转、信号采集处理、实时成像、数据实时保存和打印。

（3）超声探头

超声检测的探头根据被检件形状、内部缺陷部位、取向、种类等条件选择型号规格，原则上探头声束方向尽可能与缺陷取向垂直。由于铝合金搅拌摩擦焊焊缝具有缺陷紧密、取向无固定性等特点，经过一段时间的实践和摸索需采用纵波加横波两种检测方法，故选用纵波直探头和横波斜探头两类探头型号。

①纵波直探头

在T型焊缝检测中，重点考虑纵波直探头，为保证近表面分层等缺陷的有效检出，需在纵波直探头前加延迟块，延迟块会导致在发射脉冲与延迟块之间形成发射杂波，缺陷检测难度同时升级。为此增加水浸聚焦探头检测。

②水浸聚焦探头

在水浸检测中，由于声束在水和被检件中经过两次扩散衰减，使声束指向性变差；同时，声波经过水层后的声压损失较大，约为数十分贝；为此选用聚焦探头，以改善声束指向性，并使声能集中。水浸聚焦探头结构示意图如图3-13，聚焦探头的主要参数是频率、晶片尺寸和焦距。

③横波探头

在对接焊缝、搭接焊缝检测中，重点考虑横波探头。在使用横波探头检测中主要考虑以下主要因素：1）搅拌摩擦焊焊缝内部缺陷具有紧贴、细微、取向复杂的特点，需要选择声束集中、分辨力高的高频率窄脉冲探头；2）对于焊缝宽度较宽、厚度较薄的制品，检测时需选入射角较大的探头；3）检测面至少选择单面双侧，在条件允许的情况下，选择双面双侧检测。

（4）探头频率

铝合金摩擦焊焊缝的超声检测探头频率选择范围较大，在2.5～25 MPa之间。具体选择频率时应考虑以下几个因素：

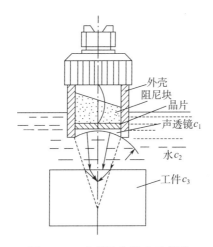

图 3 - 13　水浸聚焦探头示意图

1）由于波的绕射，使超声波检测灵敏度约为 $\lambda/2$，为此需尽量提高检测频率，有利于发现细小缺陷。

2）频率高时，脉冲宽度小，分辨率高，也有利于区分相邻缺陷。

3）由半扩散角公式 $\theta_0 = \arcsin 1.22/D$ 可知，频率高，波长短，扩散角小；声束指向性好，能量集中，有利于发现缺陷并对缺陷定位。

4）由公式 $N = D^2/4\lambda$ 可知，频率高，波长短，则近场区长度大，对检测不利。

5）由公式 $\alpha_S = C_2 F d^3 f^4$ 可知，频率增加，衰减急剧增加。

根据焊缝内部缺陷结构特点和大量试验研究，建议铝合金搅拌摩擦焊焊缝直探头频率选择在 2.5～5 MPa，横波探头频率选择在 5～10 MPa，水浸探头频率选择在 15～25 MPa，可有效检出缺陷。

所选探头外观如图 3 - 14 所示，所选探头的参数如表 3 - 2 所示。

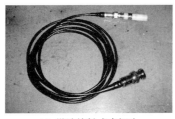

(a) 纵波接触式直探头

(b) 纵波水浸聚焦式直探头

(c) 双晶接触式探头

(d) 横波接触式直探头

图 3 - 14　铝合金搅拌摩擦焊焊接超声检测探头外观

表 3 - 2　铝合金搅拌摩擦焊接超声检测探头主要参数

序号	探头类型	探头主要参数
1	纵波接触式直探头	晶片规格:单晶片,频率:5 MHz,晶片直径:ϕ8 mm
2	纵波水浸聚焦式直探头	晶片规格:复合晶片,频率:20 MHz,晶片直径:ϕ13 mm,焦距:2 in(0.05 m)
3	双晶接触式探头	晶片规格:复合晶片,频率:5 MHz,晶片直径:ϕ14 mm
4	横波接触式直探头	晶片规格:复合晶片,频率:5 MHz,晶片直径:ϕ9.5 mm,斜锲角度:30°~75°

（5）超声对比试块

超声对比试块制备需满足以下条件：1）对比试块材料和状态选用应与被检材料和状态相同或相近；2）对比试块材料及焊缝应经超声检测合格，材料内部质量和材料噪声按GJB 1580 中 AA 执行，焊缝内部质量按本章超声检测灵敏度 ϕ0.8＋6 dB 检测，噪声及其他波形显示不高于 20％。

①对比试块 I

对比试块 I 由孔径相同，埋深不同的一组横孔试块组成，用于对接焊缝和搭接焊缝横波检测，外形尺寸如图 3 - 15 所示。

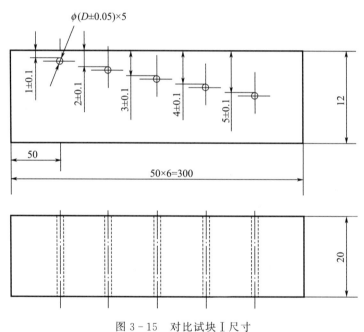

图 3 - 15　对比试块 I 尺寸

②对比试块 II

对比试块 II 由不同位置、不同大小的人工缺陷组成，用于 T 型焊缝横波检测。外形尺寸如图 3 - 16 所示。

③对比试块 III

对比试块 III 由不同位置、不同取向、不同大小的人工缺陷组成，用于 T 型焊缝纵波横波的检测，外形尺寸如图 3 - 17 所示。

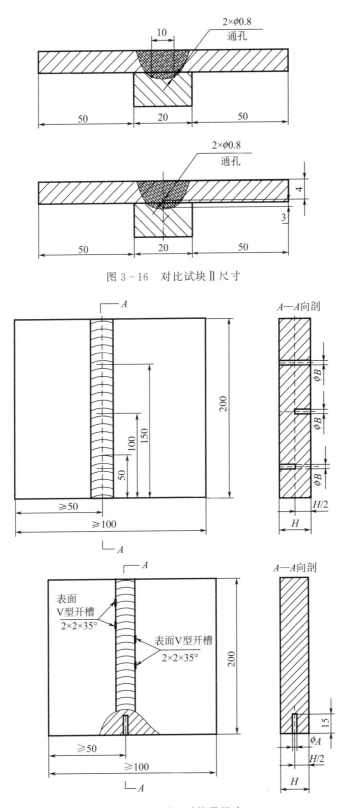

图 3-16　对比试块 Ⅱ 尺寸

图 3-17　对比试块 Ⅲ 尺寸

3.3.2.3　超声波检测

（1）正常焊接接头检测特征

在正常焊接条件下，焊缝笔直，没有明显错位现象。T型焊焊接接头无缺陷焊缝部位超声A型显示图如图3-18所示，T型焊焊接接头无缺陷焊缝部位超声C型显示图如图3-19所示。

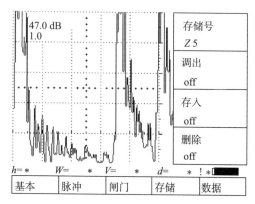

图3-18　T型焊焊接接头无缺陷焊缝部位A型显示图

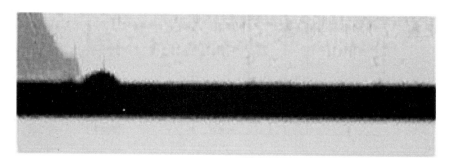

图3-19　T型焊接接头无缺陷焊缝部位C型显示图

（2）弱结合缺陷检测特征

弱结合缺陷用横波斜探头检测时，多为长条形缺陷，缺陷反射波波高最高点不一定超过扫查灵敏度波高，缺陷反射波波幅宽，会出现多处峰值，探头左右移动时，缺陷反射波高有变化，缺陷纵向长度有延伸，横向长度变化不明显，探头前后移动时，缺陷反射波波高有变化，但波高不会突变，在焊接接头两侧检测时，缺陷波形受探头折射角影响较大，当选择合适的探头和方法后，两侧均能检出；用纵波直探头检测，多为长条形缺陷，缺陷反射波波高最高点可能超过扫查灵敏度波高，缺陷反射波出现多处峰值埋深不一。弱结合缺陷超声A型显示图如图3-20所示，弱结合缺陷超声C型显示图如图3-21所示。由于其缺陷呈断续弯曲的细小曲线，曲率随位置的不同而不同，导致超声检测有难度（超声波探头折射角的选择与缺陷曲率和所在位置有密切关系），同时由于此类缺陷无空间距离，为紧密贴合性缺陷，其他无损检测方法难以检测。

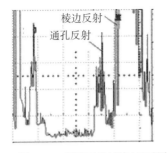

(a) 调φ0.8mm通孔对比试块A显示图

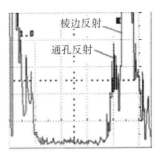

(b) 调φ1.2mm通孔对比试块A显示图

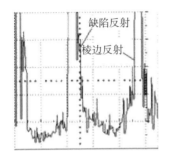

(c) 按φ0.8 mm当量参数弱结合缺陷A显示图

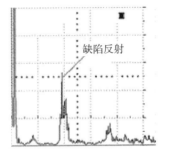

(d) 弱结合缺陷波高降到50%波形及参数

图 3 - 20　弱结合缺陷超声 A 型显示图

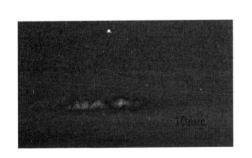

图 3 - 21　弱结合缺陷超声 C 型显示图

（3）分层缺陷检测特征

分层缺陷在进行超声检测时，用纵波直探头检测，当底波波高出现损失、底波前移或靠近底波出现反射波峰时，纵向长度分为延伸和不延伸两种，横向长度同样分为延伸和不延伸两种，分层缺陷位置有两种：一种位于焊接接头反面近表面，检测时缺陷波掩盖底波反射，同时缺陷波又靠近底波，易将缺陷波和底波混淆，此种分层类缺陷在检测过程中漏检率极高，热处理后在对应的位置出现鼓包，超声 A 型显示图如图 3 - 22 所示，热处理后缺陷对应的表面状态如图 3 - 23 所示；另一种位于焊接接头内部，此类缺陷取向基本与焊接材料表面平行或夹角偏小，超声检测时灵敏度高，根据超声检测缺陷波时基线位置及波高基本可以确定缺陷深度和当量大小。

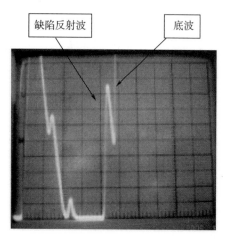

图 3 - 22　近表面缺陷超声 A 型显示图

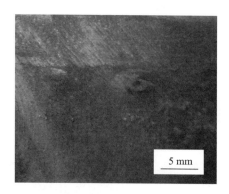

图 3 - 23　近表面缺陷热处理后表面出现鼓包图

（4）未焊透类缺陷检测特征

未焊透缺陷用纵波直探头检测时，多为长条形缺陷，缺陷反射波波高远远超过扫查灵敏度波高，探头左右平移时，缺陷反射波波幅变化幅度小，缺陷纵向长度有延伸，横向长度变化不明显，接头两侧检测波形不一致，会出现只能从单侧检测到的情况，超声 A 型显示图如图 3 - 24 所示，超声 C 型显示图如图 3 - 25 所示。

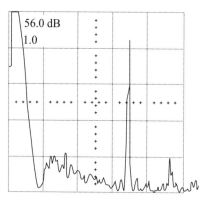

图 3 - 24　未焊透缺陷超声 A 型显示图

图 3 - 25　未焊透缺陷陷超声 C 型显示图

（5）裂纹类缺陷检测特征

裂纹类缺陷在进行超声波检测时，多为长条状缺陷，缺陷反射波波高远远超过扫查灵敏度波高，其波幅窄，缺陷埋深位置没有变化或缓慢渐变且缺陷集中。探头左右平移时，缺陷反射波波幅有变化，探头两侧检测波形不一致，会出现只能从单侧检测到的情况，缺陷纵向长度有延伸，横波长度变化不明显，超声 A 型显示图如图 3 - 26 所示。裂纹类缺陷射线影像图如图 3 - 27 所示。

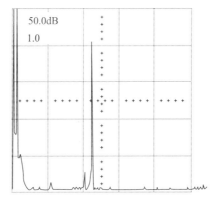

图 3 - 26　裂纹类缺陷陷超声 A 型显示图

图 3 - 27　裂纹类缺陷射线影像图

（6）夹杂类缺陷、气孔类缺陷检测特征

夹杂类和气孔类缺陷在进行超声波检测时，用横波斜探头检测，多为单个不连续缺陷，缺陷反射波波高最高点可能不超过扫查灵敏度波高，缺陷反射波较稳定，环绕扫查时波形变化不明显，但随探头左右平移时快速变化，缺陷纵向长度在研制初期有延伸，后期长度未发现延伸、横向长度不延伸，分布比较离散且没有规律性，超声 A 型显示图如图 3-28 所示，超声 C 型显示图如图 3-29 所示。

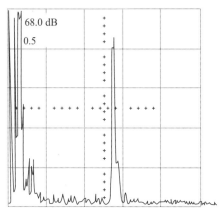

图 3-28　气孔类缺陷超声 A 型显示图

图 3-29　气孔类缺陷超声 C 型显示图

3.3.3　超声相控阵检测

3.3.3.1　超声相控阵检测原理

超声相控阵无损检测原理与常规超声波无损检测原理相同，有别于传统的超声无损检测技术，超声相控阵检测的基本特点是相控。相控包括发射与接收相控两部分。相控阵的发射相控是用电子技术调整阵元的发射相位和超声强度，以实现焦点位置和聚焦方向的动态大自由度调节。基本思想是调整各个阵元发射信号的相位，使各阵元到达焦点的声束具有相同的相位，相互叠加就实现了相控聚焦及偏转。接收相控是发射相控的逆过程。它是用电子技术或数字信号处理技术对阵元接收到的超声检测信号进行相控逆处理，以获得缺陷信号的位置与特征信息，如图 3-30 所示。超声相控阵的换能器是由多个相互独立的压电晶片成阵列，每个晶片称为一个单元，按一定规则和时序排列。其声波角度、聚焦深度、发射晶片数量和顺序在一定范围内连续、动态可调，常见的相控阵扫查方式有三种：线性扫查、扇形扫查和深度聚焦，如图 3-31 所示。

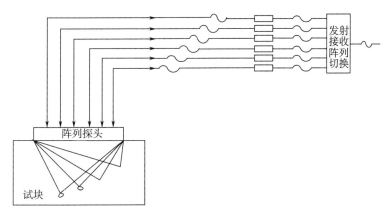

图 3-30　超声相控阵检测基本原理

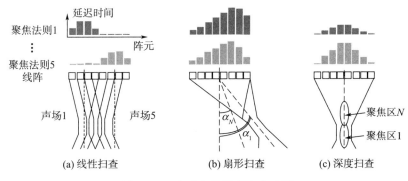

图 3-31　超声相控阵扫查方式图

3.3.3.2　超声相控阵检测工艺

（1）超声相控阵仪

铝合金搅拌摩擦焊焊接的超声相控阵检测仪至少应满足表 3-3 的要求。

表 3-3　铝合金搅拌摩擦焊焊接超声相控阵检测设备主要技术指标

序号	名称	主要技术参数
1	仪器支持探头阵元系列	不少于 16
2	扫查方式	线形扫描、扇形扫描
3	扫描角度	30～70
4	手动编码器	实时
5	图形显示	A 型、B 型、C 型

（2）超声相控阵探头

铝合金搅拌摩擦焊焊缝内部质量超声相控阵探头晶片数量至少在 16 个以上，按一维线性阵列，探头频率为 10 MHz，晶片呈间隔状直线性分布在探头中，该探头每次激发 16 晶片，依次激发，检测过程主要以扇形扫查（S 型扫查）、A 型扫查为主，为使搅拌摩擦焊缺陷在工件中的空间特征明显，应辅以线扫、面扫、C 扫。

（3）超声相控阵对比试块

超声相控阵对比试块制备需满足以下条件：1）对比试块材料和状态选用应与被检材料和状态相同或相近；2）对比试块材料及焊缝应经超声检测合格，材料内部质量和材料噪声按 GJB 1580 中 AA 执行，焊缝内部质量按本章超声检测灵敏度 $\phi 1 + 15$ dB 检测，噪声及其他波形显示不高于 20%。

超声相控阵主要应用在铝合金搅拌摩擦焊对接焊缝内部质量检测中，对比试块的制备以对接焊缝为主要对象，其中对比试块 A/B 均由埋深不同但孔径相同的横孔组成，对比试块上均加工横孔 5 个、切槽 4 个。图 3 - 32、图 3 - 33 所示为搅拌摩擦焊焊缝厚度为 17 mm 时的参照尺寸。在具体检测过程中，根据被检产品对接焊缝厚度及焊缝宽度，可做适当调整以对比试块人工反射体的形式、位置及数量。

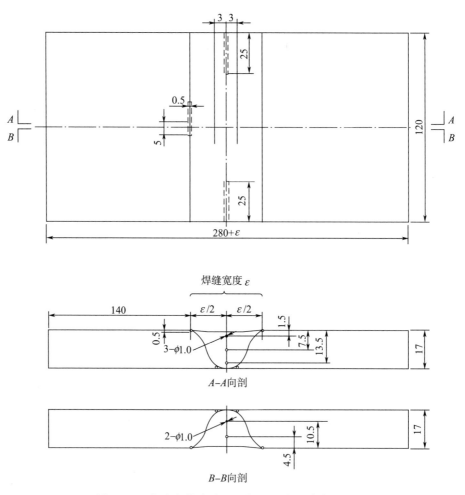

图 3 - 32　超声相控阵对比试块 A 尺寸（单位：mm）

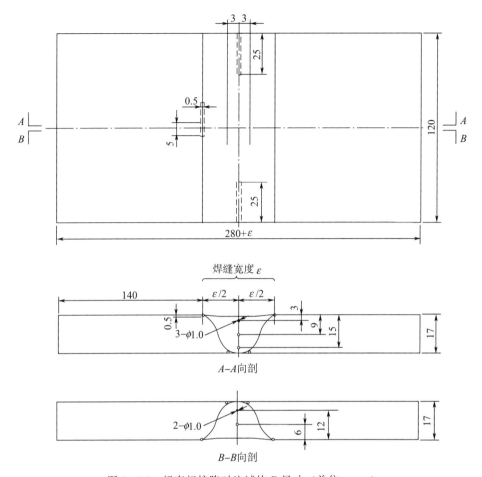

图 3 - 33　超声相控阵对比试块 B 尺寸（单位：mm）

（4）超声相控阵水平分辨力测试

利用图 3 - 34 试板进行试验。试板厚度为 6 mm，人工制作深度为 3 mm 的三个连续横孔，孔径为 0.3 mm，间距为 1 mm。分别用普通横波斜探头（5M9×9K1、5M9×9K2）和相控阵探头（对应 K1、K2 的入射角度），观察超声 A 扫描图形，进行超声相控阵检测与普通超声检测水平分辨力对比试验。

普通 K1、K2 探头检测，对连续的人工缺陷有回波，但受到探头制造质量的影响，其脉冲宽度比较宽，普通横波斜探头不能明显地分辨出连续的人工缺陷，横向分辨力不高。其相对相控阵探头对于密集性缺陷的分辨力比较高，能够分辨相邻较近的人工缺陷，如图 3 - 35 所示。

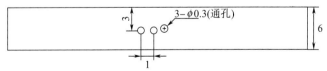

图 3 - 34　水平分辨力试验试板示意图

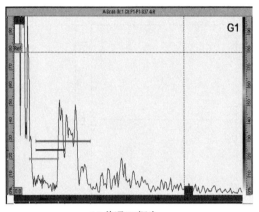

(a) 普通K1探头

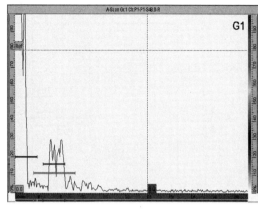

(c) 普通K2探头

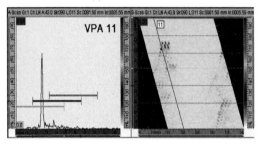

(b) 相控阵对应角度

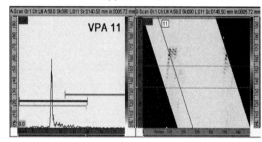

(d) 相控阵对应角度

图 3-35　水平分辨力试验结果图

3.3.3.3　超声波相控阵检测

（1）弱结合缺陷

弱结合缺陷检测结果及金相组织图如图 3-36 和图 3-37 所示，常规 X 射线检测不易发现，如图 3-38 所示。

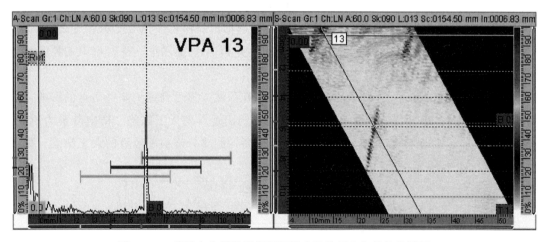

图 3-36　某铝合金搅拌摩擦焊弱结合缺陷超声相控阵检测图

图 3 - 37　某铝合金搅拌摩擦焊弱结合缺陷对应金相组织图

图 3 - 38　某铝合金搅拌摩擦焊弱结合缺陷对应 X 射线底片影像

（2）未焊透缺陷

未焊透缺陷检测结果及金相组织图如图 3 - 39 和图 3 - 40 所示。此未焊透缺陷深度较浅，受搅拌头影响走向异于常规未焊透缺陷，X 射线检测不易发现，如图 3 - 41 所示。

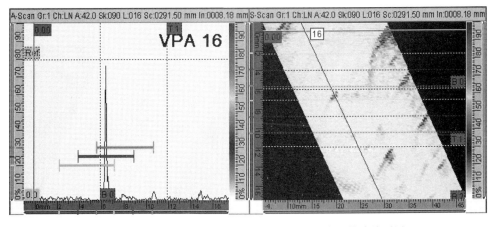

图 3 - 39　某铝合金搅拌摩擦焊未焊透缺陷超声相控阵检测图

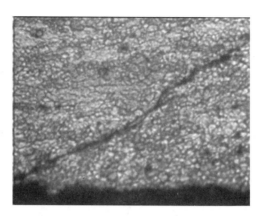

图 3-40　某铝合金搅拌摩擦焊未焊透缺陷对应金相组织图

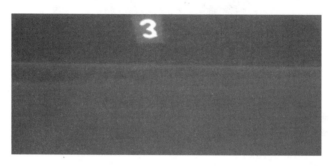

图 3-41　某铝合金搅拌摩擦焊未焊透缺陷对应 X 射线底片影像

（3）孔洞缺陷

孔洞缺陷检测结果及金相组织图，如图 3-42 和图 3-43 所示。对于孔洞型缺陷，一般 X 射线检测也能发现。但是，超声相控阵检测灵敏度更高，对微小缺陷检出率更高。此孔洞缺陷为长条状，末端微小孔洞 X 射线无法发现。超声相控阵检测长度为 120 mm，X 射线照相检测长度为 90 mm。X 射线底片影像如图 3-44 所示，其中黑线影像为缺陷影像。

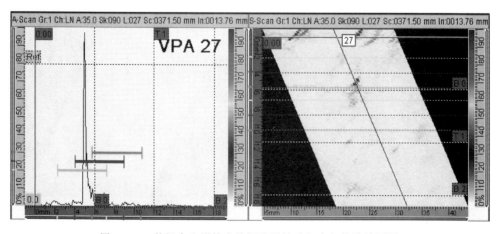

图 3-42　某铝合金搅拌摩擦焊孔洞缺陷超声相控阵检测图

图 3-43　某铝合金搅拌摩擦焊孔洞缺陷对应金相组织图

图 3-44　某铝合金搅拌摩擦焊孔洞缺对应 X 射线底片影像

3.3.4　X 射线检测

3.3.4.1　X 射线检测原理

X 射线检测原理图如图 3-45 所示。当 X 射线入射到物体时，射线的光量子将与物质原子发生一系列相互作用，由于这些相互作用使射线被吸收、散射，导致射线强度减弱，低于入射射线强度，即射线在穿过物体时强度发生了衰减。射线强度的衰减程度除了相关于射线能量外，还直接相关于被透照物体的性质、厚度、密度等，如果物体局部区域存在缺陷，它将改变物体对射线的衰减，引起透射射线强度的变化，通过胶片、实时成像检测、射线测量方法等，对被检产品内部质量作出评判。

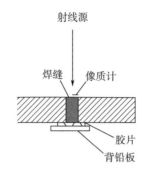

图 3-45　X 射线检测原理图

3.3.4.2　X 射线检测工艺

(1) X 射线机

用于检测铝及铝合金搅拌摩擦焊焊接接头的 X 射线机的主要性能参数应满足表 3-4 的要求。

表 3-4　X 射线机主要性能参数要求

穿透力（钢）/mm	额定管电压/kV	额定管电流/mA	焦点尺寸/mm	窗口材料	辐射角/(°)	参考型号
$T \geqslant 28$	$U \geqslant 150$	$I \geqslant 4$	$\leqslant 3.0 \times 3.0$	铍	40	XY-1520

注：①表中为 1520 型 X 射线机的主要性能参数；
②当使用其他型号设备时，应参照表中给出的设备参数经工艺试验确认后方可使用。

(2) 像质计要求

采用单壁单影透照时，底片影像上应识别的丝型像质计应符合表 3-5 的规定；对于环形焊接接头不得不采用双壁透照时，底片影像上应识别的丝型像质计应符合表 3-6 的规定。

表 3-5　单壁单影透照应识别的像质计

应发现的最细线号	线径/mm	透照厚度/mm
16	0.100	>2.0~3.5
15	0.125	>3.5~5.0
14	0.16	>5.0~7.0
13	0.20	>7~10
12	0.25	>10~15
11	0.32	>15~25
10	0.40	>25~32

表 3-6　双壁双影透照应识别的像质计

应发现的最细线号	线径/mm	透照厚度/mm	
		像质计在射线源侧时	像质计在胶片侧时
16	0.100	>2.0~3.5	>2.0~3.5
15	0.125	>3.5~5.0	>3.5~5.0

续表

应发现的最细线号	线径/mm	透照厚度/mm	
		像质计在射线源侧时	像质计在胶片侧时
14	0.16	>5.0~7.0	>5.0~10.0
13	0.20	>7~12	>10~15
12	0.25	>12~18	>15~22
11	0.32	>18~30	>22~38
10	0.40	>30~40	>38~48

（3）透照布置

对铝及铝合金搅拌摩擦焊焊接接头的透照布置应根据被检测焊接接头的形状、外形尺寸和截面厚度进行确定；平板型纵焊接接头和内径大于 $\phi89$ mm 的环形焊接接头应采用单壁单影法透照，对于无法采用单壁单影法透照的焊接接头应采用双壁单影法透照，当被检焊接接头的截面变化较大时，应采用多胶片透照技术，详细要求应按 GJB 1187A—2001 执行。平板型焊接接头透照布置如图 3-46 所示，环形焊接接头单壁单影法透照布置如图 3-47 所示，环形焊接接头双壁单影法透照布置如图 3-48 所示。

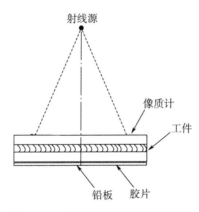

图 3-46　平板型焊接接头透照布置

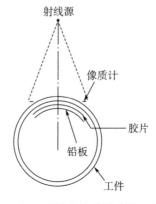

图 3-47　环形焊接接头单壁单影法透照布置

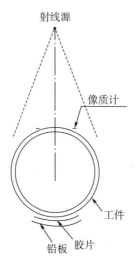

图 3-48　环形焊接接头双壁单影法透照布置

由于铝合金搅拌摩擦焊产品主要为锥形或圆筒形的结构，且产品外形尺寸大，选择检测灵敏度高的单壁单影法透照最为合适。对于纵向焊缝，一次透照的最大有效区按透照厚度比 K≤1.03 控制，检测布置如图 3-49（a）所示；对于环形焊缝，检测时一次透照的最大有效区按透照厚度比 K≤1.1 控制，检测布置如图 3-49（b）所示。

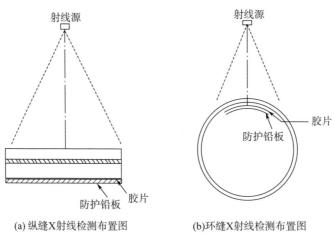

(a)纵缝X射线检测布置图　　　　(b)环缝X射线检测布置图

图 3-49　铝合金搅拌摩擦焊焊缝检测布置

（4）透照参数

根据 X 射线机检测参数要求和被检测的焊接接头厚度确定曝光规范，在满足底片评定要求的前提下，透照等截面厚度部位时尽可能选用较低的管电压和较大的管电流及采用较小尺寸的焦点。当需一次透照厚度差变化较大部位时，可采用变截面曝光法适当地提高管电压，但管电压的提高值不得大于 30 kV。表 3-7 为推荐的采用 XY-1520 型 X 射线机透照参数。

表 3 - 7　XY - 1520 射线机透照参数

焊接接头厚度/ mm	管电压/kV	管电流/mA	焦距/mm	焦点尺寸/mm
≤3	50～55	≥15	800～1 200	≤3×3
>3～6	55～60	≥15	800～1 200	≤3×3
>6～10	60～75	≥15	800～1 200	≤3×3
>10～15	75～85	≥15	800～1 200	≤3×3
>15	85～120	≥15	800～1 200	≤3×3

3.3.4.3　X 射线检测

（1）典型缺陷图像分类

铝合金搅拌摩擦焊焊缝 X 射线检测典型缺陷图像分为未熔合、裂纹、孔洞（包括隧道形、沟槽形、疏松形等）、夹杂（包括高密度夹杂、低密度夹杂等）、未焊透等。

①未熔合

未熔合缺陷大多存在于焊接接头焊核区与热力影响区的内部。缺陷影像在底片上呈现为形状较为规则的笔直黑线，其长短不一，两尾端尖细，轮廓清晰，黑度比背景高。缺陷影像经常出现在焊道中心线的偏上方或偏下方，如图 3 - 50 所示。

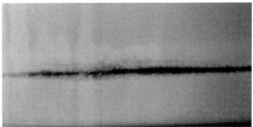

图 3 - 50　未熔合 X 射线底片影像

②裂纹

裂纹缺陷大多存在于接头起始端或收焊匙孔处。缺陷影像在底片上大都呈现为形状不规则的圆弧形黑线，其长短不一，两尾端尖细，轮廓清晰，黑度比背景高，如图 3 - 51 所示。

图 3 - 51　裂纹缺陷 X 射线底片影像

③孔洞

孔洞类缺陷是焊接接头常见的缺陷之一。按孔洞类缺陷影像特点及常见形态，分为隧道形、沟槽形和疏松形（虫孔）三种，有时会伴随着未焊透缺陷。

隧道形孔洞缺陷多出现在焊接接头热力影响区或轴肩区的内部。缺陷影像在底片上呈现为形状较为规则的黑带，宽度不一且轮廓清晰，黑度比背景高。其缺陷影像位置固定，一般出现在焊道中心线偏上方或偏下方，如图 3-52 所示。

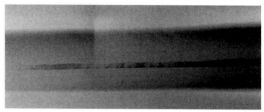

图 3-52　隧道形孔洞缺陷 X 射线底片影像

沟槽形孔洞缺陷多出现在焊接接头热力影响区或轴肩区的表面。缺陷影像在底片上呈现为形状不规则的黑带，宽度不一且轮廓不清晰，黑度比背景高。其缺陷影像位置固定，一般出现在焊道中心线偏上方或偏下方，如图 3-53 所示。

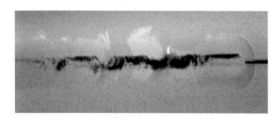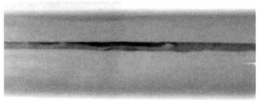

图 3-53　沟槽形孔洞缺陷 X 射线底片影像

疏松形孔洞缺陷多出现在焊接接头热力影响区或轴肩区的内部。缺陷影像在底片上呈现的形状不规则，有时会呈现出云雾状影像，有时会呈现出网状的黑斑影像，缺陷影像有一定的宽度，约 2 mm 左右，黑度较高且不均匀，有时影像边缘没有明显的分界线。缺陷影像位置相对固定，一般出现在搅拌头前进侧、焊道中心线的上方或下方，如图 3-54 所示。

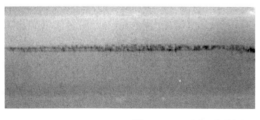

图 3-54　疏松形孔洞（虫孔）缺陷 X 射线底片影像

④夹杂

夹杂类缺陷一般分为两类：高密度夹杂缺陷和低密度夹杂缺陷。

高密度夹杂缺陷多出现在焊接接头的根部。缺陷影像在底片上呈现为形状不规则，其影像特征一般为带状或点状、斑块状，边缘不整齐，影像黑度低。缺陷影像位置不固定，如图 3-55 所示。

图 3-55　高密度夹杂缺陷 X 射线底片影像

低密度夹杂缺陷在底片上的缺陷影像形状不规则，边缘不整齐。缺陷影像位置不固定，分布比较离散，没有规律性，黑度较高而均匀，如图 3-56 所示。

图 3-56　低密度夹杂缺陷 X 射线底片影像

⑤未焊透

未焊透缺陷都出现在焊接接头的根部，缺陷影像在底片上呈现为边缘整齐的一条黑色直线，黑度较大。缺陷影像位置固定，位于焊缝中心部位，如图 3-57 所示。

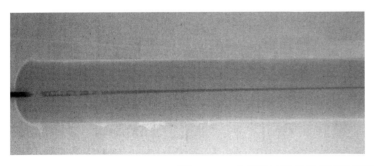 

图 3-57　未焊透缺陷 X 射线底片影像

（2）非缺陷图像

非缺陷图像主要包括包铝层黑线，焊接工艺产生的压痕、飞边等。

①包铝层黑线

包铝层在 X 射线检测底片上显示为一条黑线，黑线呈现断续或连续，影像位置相对固定，一般出现在搅拌头前进侧，宽度约为 1 mm，黑线处的底片黑度较其他正常区域稍大一些，如图 3-58 所示；其影像特征在超声检测中无法有效检出，金相组织图如图 3-59 所示，可以明显看到未被完全搅碎的纯铝分布在焊缝组织内部。通过对带有包铝层黑线的焊缝组织进行力学性能试验，其焊缝组织的力学性能稳定。

图 3-58　包铝层黑线 X 射线底片影像

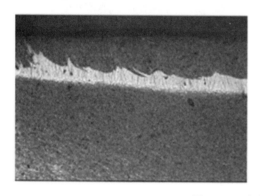 

图 3-59　包铝层黑线金相组织

②压痕

压痕缺陷出现在焊缝上表面，通常是由于搅拌头没有与焊缝表面水平放置或局部轴肩下压量过大，导致焊缝局部出现凹坑的现象。X 射线影像如图 3-60 所示。

③飞边

飞边缺陷出现在焊缝上表面，通常是由于搅拌头轴肩下压量过大而导致较多的塑性材料从肩轴两侧被挤出，冷却后形成类似毛刺的一种现象。飞边 X 射线影像如图 3-61 所示。

图 3 - 60　压痕过深 X 射线底片影像

图 3 - 61　飞边 X 射线底片影像

3.3.5　金相分析

3.3.5.1　试样加工

焊接接头试样应取自检验合格的焊接试板或零件焊缝区域，取样可以采取锯切、铣切，不容许采用冲剪方式取样，下料取样后应加工掉受检面的加工硬化层（不少于 2 mm）。在取样时应考虑力学性能取样要求，同时根据工艺或设计要求亦可在焊缝存在缺陷处取样，取样尺寸按工艺要求执行。

3.3.5.2　试样制备

（1）试样磨制

宏观组织试样应采用磨制法或其他方法加工，加工后的受检面粗糙度不大于 1.6 μm。显微组织试样，当厚度较薄时应采用夹样法夹持后沿横向磨制，夹样法试片之间及试样外侧应垫以退火状态的纯铝板材，夹紧后应保证试片之间无任何缝隙，避免试样磨制过程中边角被倒角。试样可以采用电动磨盘或手工磨制，用电动磨盘磨制时采用煤油或水冷却，而用手工磨制时可以不冷却，磨制一般需要进行粗、细两次磨制，粗磨一般采用180～240

号砂纸，细磨采用 400～800 号砂纸，磨制过程应从低到高依次磨制，每次换高标号砂纸时应将试样旋转 90°，保证与前一次磨痕垂直相交。磨制好的试样先用水冲洗干净，然后进行抛光。

（2）试样抛光

抛光分为粗抛和精抛，抛光盘转速一般不超过 600 r/min。粗抛一般在装有粗呢子的抛光盘上进行，抛光剂一般使用浓度较大的三氧化二铬（Cr_2O_3）或刚玉悬浮液或金刚石抛光剂。试样抛光面达到平整光亮无黑点为止，洗净后进行精抛。精抛在装有细呢子（或金丝绒）的抛光盘上进行，抛光剂采用浓度较稀的 Cr_2O_3 或刚玉悬浮液或 0.5 μm 的金刚石抛光剂。精抛要进行至粗抛产生的磨痕全部消失为止，抛光面要达到镜面状态。焊接接头常规检查可以只进行一道精抛工序，达到检测要求即可。

（3）试样腐蚀

①宏观组织浸蚀剂

宏观组织一般采用以下三种浸蚀剂：

1）15%～25%氢氧化钠水溶液。

2）高浓度混合酸。

氢氟酸（42%）	10 mL
盐酸（36%～38%）	5 mL
硝酸（65%～68%）	5 mL
水	380 mL

3）稀释特强混合酸。

氢氟酸（42%）	5 mL
盐酸（36%～38%）	75 mL
硝酸（65%～68%）	25 mL
水	200 mL

浸蚀剂在室温下使用，常规检查时采用15%～25%氢氧化钠水溶液进行浸蚀，浸蚀时间以能够正常显示组织为宜，一般为 15～30 min。试样浸蚀完成后应尽快转入清水中冲洗，再用20%～30%硝酸水溶液刷洗浸蚀表面，以去掉黑膜，最后再用清水冲洗干净后吹干。要求浸蚀后试样表面组织清晰，不能存在影响组织判断的其他缺陷，浸蚀要均匀，不能出现腐蚀麻坑。

②显微组织浸蚀剂

显微组织浸蚀剂一般选用以下四种：

1）低浓度混合酸 A 成分。

氢氟酸（42%）	2 mL
盐酸（36%～38%）	3 mL
硝酸（65%～68%）	5 mL
水	250 mL

浸蚀时间：15～90 s（室温）

2）低浓度混合酸 B 成分。

氢氟酸（42%）	1 mL
盐酸（36%～38%）	1.5 mL
硝酸（65%～68%）	2.5 mL
水	95 mL

浸蚀时间：6～20 s（室温）

3）高浓度混合酸。

氢氟酸（42%）	10 mL
盐酸（36%～38%）	5 mL
硝酸（65%～68%）	5 mL
水	380 mL

浸蚀时间：40～90 s（室温）

4）高浓度氢氟酸水溶液。

氢氟酸（42%）	50 mL
水	50 mL

浸蚀时间：10～40 s（室温）

浸蚀剂强度各不相同，根据不同的合金种类及合金热处理状态而定，淬火状态的硬合金选用 1)、2) 两种浸蚀剂，软合金选用 3)、4) 两种浸蚀剂，其中 4) 浸蚀剂更适宜于显示纯铝或其他软合金晶粒组织。浸蚀时间根据组织显示情况而定。

浸蚀后试样应立即在流水中冲洗，亦可用蘸有 1∶4 硝酸水溶液的棉花球轻轻擦拭浸蚀表面，除去腐蚀物，再用水冲洗干净，用酒精棉球擦净吹干即可。

3.3.5.3 组织检查

（1）宏观组织检查

宏观组织检查是根据设计技术条件或技术标准规定的质量要求进行的，并随时变换光线照射方向，详细观察各部位，对不能用肉眼准确判断的区域，可用 10 倍放大镜或高倍体视显微镜检查。

宏观组织检查内容包括：观察焊核的形状是否规则，焊接熔合区有无明显的宏观缺陷，如裂纹、虫孔、未焊透、未熔合等，焊接热影响区有无晶粒异常长大的情况（必要时要判断晶粒度级别），并对存在的其他情况进行详细说明。焊接接头示意图如图 3 - 62 所示，正常焊接接头形貌如图 3 - 63 所示。

（2）显微组织检查

显微组织检查时，试样应组织清晰，基体洁净，不应存在脏物、过腐蚀孔或组织普遍发灰的情况，否则必须重新制样。进行显微组织观察时应仔细、全面地观察接头各区域，尤其对焊缝区观察必须逐个区域进行，对发现的特征区域应逐个照相保存及分析。

对焊接接头各区域的晶粒度检查按 GB/T 6394 的规定进行，优先选用比较法，也可

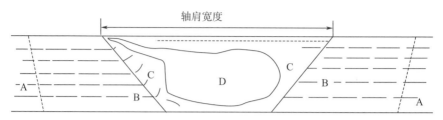

图 3 - 62　焊接接头区域划分示意图

A—非影响区（BM）；B—热影响区（HAZ）；C—变形热影响区（TMAZ）；D—焊核（DXZ）

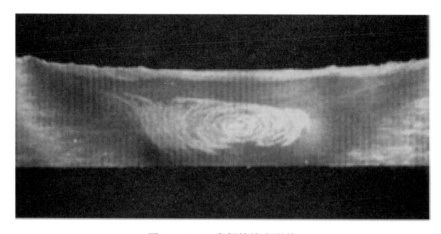

图 3 - 63　正常焊接接头形貌

以选用面积法、截点法等，对具有图像分析功能的金相显微镜亦可采用数字自动分析的方法进行测试。

显微组织检查主要内容包括焊接接头各区域微观组织是否正常，各区域有无微观组织缺陷，缺陷形态及其特征，显微缺陷定性及评价等。

3.3.5.4　缺陷组织特征

（1）宏观组织缺陷特征

①孔洞

组织特征呈形状不规则的孔洞，此缺陷不允许存在。典型形貌如图 3 - 52～图 3 - 54 所示。

②未焊透

组织主要表现为在焊接接头反面局部存在缝隙，此缺陷不允许存在，典型形貌如图 3 - 64 所示。

③未熔合

组织特征主要表现为焊接接头局部未结合致密，一般存在较大的间隙，此缺陷不允许存在，典型形貌如图 3 - 65 所示。

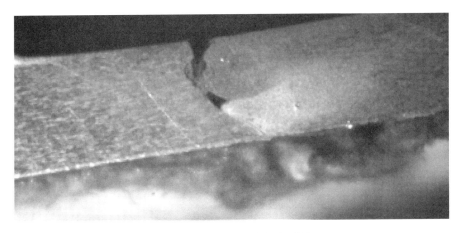

图 3 - 64　未焊透金相组织形貌

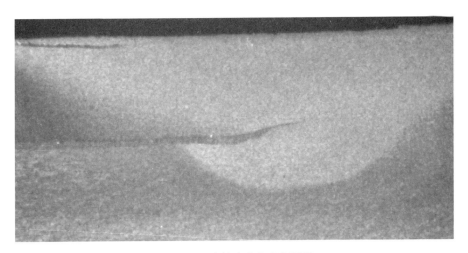

图 3 - 65　未熔合金相组织形貌

④裂纹

组织特征主要表现为局部不规则细长的开口缺陷，分为纵向裂纹及横向裂纹，此缺陷不允许存在。

⑤焊缝粗大晶粒（晶粒异常长大）

组织特征表现为存在明显的雪花状晶粒组织，一般需要用高倍观察来判定晶粒度级别，当晶粒非常粗大时可以按低倍级别评定方法来评定，只提供实测结果。

（2）显微组织缺陷特征

①弱结合

组织特征为排列成一定走向的链状微小孔洞或夹杂，多分布在焊缝的焊核区一侧。该缺陷严重影响焊接接头的力学性能，影响程度与其深度有关，故该缺陷不允许存在。典型缺陷金相组织图如前述图 3 - 3 所示。

②裂纹

组织特征为连续线状或网状裂缝，大多与焊缝表面接近且垂直分布，少数情况亦可见平行分布的焊缝裂纹。由于该缺陷破坏了组织的连续性，特别是连续大面积分布并形成一定深度时将严重降低焊缝区的力学性能，形成原因与焊缝区残余应力有关，该缺陷不允许存在。典型缺陷金相组织形貌如图 3 - 66 所示。

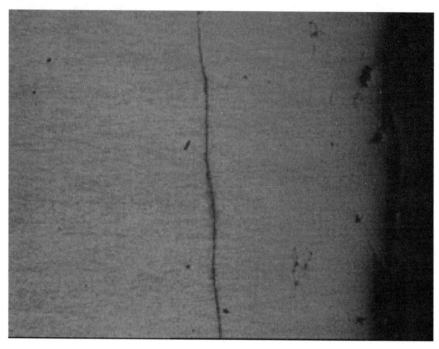

图 3 - 66　裂纹金相组织形貌

③带状异金属夹杂

该特征是由工件表面未清理干净的工业包铝在焊接时被卷入焊缝区所致，对接接头多出现在焊缝熔合区反面，搭接接头多分布在焊缝区层间压合线附近，其形态呈带状，腐蚀后在显微镜下观察为白色带状组织。此缺陷对接头力学性能影响不大，允许存在。典型缺陷金相组织图如图 3 - 7 所示。

④未熔合

组织特征为局部未结合致密，一般存在于焊缝反面，由于该缺陷破坏了组织的连续性，形成应力集中区，严重降低了焊缝区的力学性能，其形成原因为顶锻力不足或是搅拌不充分，该缺陷不允许存在。典型缺陷金相组织形貌如图 3 - 67 所示。

⑤未焊透。

组织特征因局部未结合致密而存在间隙，但范围不大，由于该缺陷破坏了组织的连续性，形成应力集中区，降低了焊缝区的力学性能，故该缺陷不允许存在。典型缺陷金相组织图如图 3 - 11 所示。

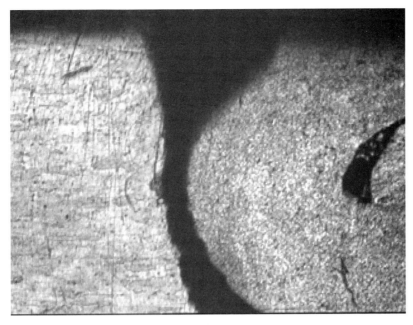

图 3 - 67　未熔合金相组织图形貌

⑥夹杂

组织特征为焊缝区存在大量块状、粒状黑色异物，与第二相相近，分为金属和非金属夹杂，在搅拌焊接时由于搅拌头磨损、外来异金属或扎穿垫板所引起的为金属夹杂，在射线检测时为白色亮点，对接头力学性能的影响程度与夹杂大小有关；因焊接接头未清理干净或表面氧化皮搅入所引起的夹杂为非金属夹杂，一般颗粒较小，分布弥散，对性能影响不大，在射线合格的前提下允许存在。典型缺陷金相组织图如图 3 - 7 和图 3 - 8 所示。

⑦孔洞

组织特征呈形状不规则的孔洞，其显微特征分焊缝区缺肉，基本是肉眼可见的宏观缺陷，但少数在微观下也能观察到类似疏松的组织。由于虫孔为焊缝区面积较大的孔洞，降低了焊接接头力学性能，故该缺陷不允许存在。典型缺陷金相组织图如图 3 - 5 所示。

⑧表面鼓包

表现为在焊缝表面存在中间空腔的小包，距表面深度 0.1～0.5 mm，通常经表面打磨后都能消除，故该缺陷允许存在。典型缺陷金相组织图如图 3 - 9 所示。

⑨粗大晶粒（晶粒异常长大）

接头在固溶热处理后焊缝组织异常长大产生宏观或微观粗大晶粒，异常长大原因与焊缝区残余应力及临界变形度有关，只提供晶粒度等级数据。典型缺陷金相组织图如图 3 - 10 所示。

3.3.6　力学性能测试

3.3.6.1　拉伸性能试验

（1）常温拉伸试验

①试验方法及项目

铝合金搅拌摩擦焊焊缝焊接接头和母材常温拉伸试验方法按照《金属拉伸试验方法》（GB228）执行，试验项目为：弹性极限（σ_p）、屈服极限（σ_s）、强度极限（σ_b）、延伸率（δ）、断面收缩率（ψ）、弹性模量（E）。

②拉伸性能试样

铝合金搅拌摩擦焊焊缝接头常温拉伸性能及疲劳性能试样均按表3-8和图3-68加工。

表3-8　搅拌摩擦焊焊缝接头常温矩形拉伸试样

单位：mm

δ	b_0	b	h	h_1	r	长试样			短试样		
						L_0	L_C	L	L_0	L_C	L
＞2.0～4.0	20	25	60	11	≥25	$11.3s_0^{1/2}$	100	250	$5.65s_0^{1/2}$	55	205
＞4.0～6.0	20	30	70	15	≥25		135	305		70	240
＞6.0～10.0	15	30	70	15	≥25		170	340		90	260
＞10.0～12.0	15	30	70	15	≥25		185	355		100	270

注：试样平行长度内最大最小允许差不大于0.1 mm。

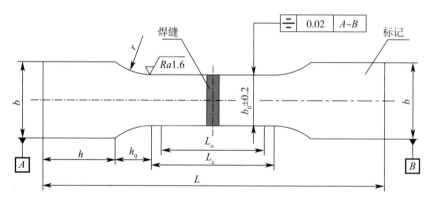

图3-68　焊缝接头常温拉伸（疲劳）性能试样尺寸

（2）高温拉伸试验

①试验方法及项目

铝合金搅拌摩擦焊焊缝焊接接头和母材高温拉伸试验方法按照《金属材料高温拉伸试验方法》（GB43382）执行，试验温度点：100 ℃、150 ℃、200 ℃；试验项目为：弹性极限（σ_p）、屈服极限（σ_s）、强度极限（σ_b）、弹性模量（E）、延伸率（δ）、断面收缩率（ψ）。

②高温拉伸试样

焊缝接头高温拉伸性能试样按表 3-9 和图 3-69 加工。

表 3-9　搅拌摩擦焊焊缝接头高温矩形拉伸试样

单位：mm

δ	b_0	b	h	h_1	h_3	d_0	r	L_0	L_c	L
>2.0～3.0	5	30	25	18	20	8	≥25	30	40	126
>3.0～4.0								35	45	131
>4.0～5.0								50	65	165
>5.0～6.0	8	35	30	20	25	10		50	65	165
>6.0～7.0								50	75	175

注：试样平行长度内最大最小允许差为不大于 0.05 mm。

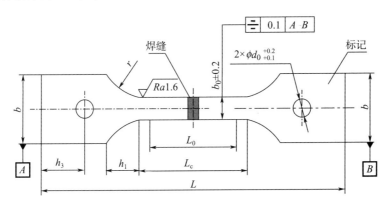

图 3-69　焊缝接头高温拉伸试样尺寸

3.3.6.2　蠕变性能试验

（1）试验方法及项目

铝合金搅拌摩擦焊焊缝焊接接头和母材及所需测量项目按照《金属材料拉伸蠕变及持久试验方法》（GB/T2039）执行。

（2）蠕变试样

搅拌摩擦焊焊缝接头蠕变性能试样按图 3-70 加工，试样厚度 δ 一般为 1～5 mm，宽度 b_0 取 6～15 mm，原始计算长度 L 取 50～150 mm。

3.3.6.3　轴向加载疲劳试验

（1）试验方法及项目

焊接接头和母材所需测量项目按照《金属材料轴向等幅低循环疲劳试验方法》（GB/T 15248）执行，加载方式为等幅拉-压应力，试验载荷为 100 MPa，疲劳循环次数为 $5×10^4$，通过与设计沟通协调后确定，在该试验条件下，如果试样不发生失效，则可认定该项指标符合设计要求，如果试样在规定的疲劳循环次数中失效，则记录失效循环数（N）。

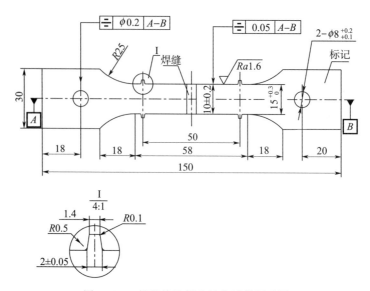

图 3-70　焊缝接头蠕变性能试样尺寸图

（2）疲劳试样

搅拌摩擦焊焊缝接头疲劳性能试样均按表 3-8 和图 3-68 加工。

3.3.6.4　持久性能试验

（1）试验方法及项目

焊接接头和母材所需测量项目参照《金属材料拉伸蠕变及持久试验方法》（GB/T 2039）执行，蠕变伸长率不予测量，试验的具体条件改为：试验温度为 200 ℃，持续时间为 8 h，试验应力为 250 MPa。在该试验条件下，试样不发生破坏即认为材料该项性能符合设计要求，如果在 8 小时的持久时间内试样发生断裂，则记录持久断裂时间，并测得持久断后伸长率。

（2）持久试样

搅拌摩擦焊焊缝接头持久性能试样按表 3-10 和图 3-71 加工。

表 3-10　原始计算长度与厚度的关系

单位：mm

δ	≥1.5～2.4	≥2.4～3.0	≥3.0～4.5	≥4.5～7.0	≥7.0～10.0
L_c	25	30	35	40	50
L	121	126	131	136	145

3.3.6.5　剪切性能试验

（1）试验方法及项目

焊接接头和母材常温压缩试验方法按照常规的单剪切试验进行，具体试验项目仅为剪切强度（τ_b）。

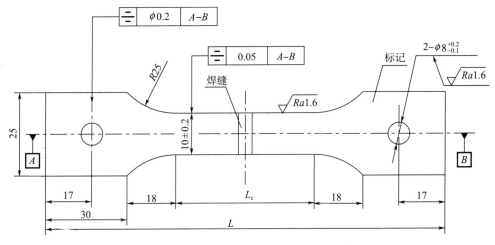

图 3-71　焊缝接头持久性能试样尺寸

（2）剪切试样

搅拌摩擦焊焊缝接头剪切性能试样按图 3-72 加工，剪切试验工装如图 3-73 所示。

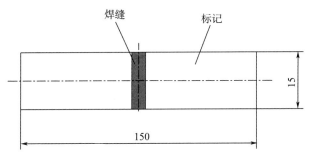

图 3-72　焊缝接头剪切性能试样尺寸

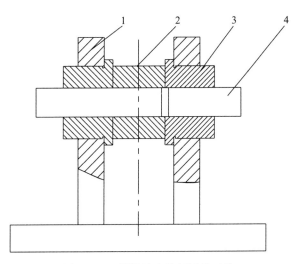

图 3-73　焊缝接头剪切试验工装

1—底座；2—冲头；3—套轴；4—试样

3.3.6.6　压缩性能试验

（1）试验方法及项目

焊接接头和母材常温压缩试验方法及所需测量项目按照《金属材料压缩试验方法》（GB7314）执行，具体试验项目为：抗压强度极限（σ_{bc}）、压缩屈服极限（σ_{sc}）、压缩弹性模量（E_C）。

（2）压缩试样

搅拌摩擦焊焊缝接头压缩性能试样按图 3-74 加工，压缩试验工装如图 3-75 所示。

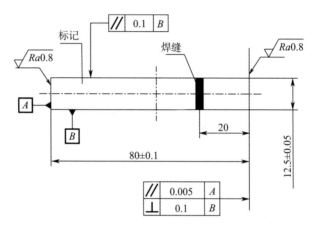

图 3-74　焊缝接头压缩性能试样尺寸

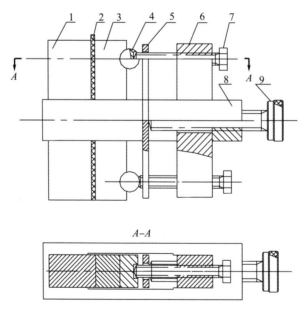

图 3-75　焊缝接头压缩试验工装

1—固定板；2—试样；3—活动夹板；4—滑动销；5—板簧；6—辅助夹板；

7—限位螺钉；8—紧固板；9—夹紧螺钉

3.3.6.7　动态弹性模量测量

（1）测量方法及项目

焊接接头和母材高温弹性模量、泊松比测量方法及所需测量项目按照《金属材料杨氏模量、切变模量及泊松比测量方法》（GB/T 2105）执行，试验温度点为 200 ℃，具体试验项目为：杨氏模量（E）、切变模量（G）、泊松比（μ）。

（2）动态弹性模量试样

搅拌摩擦焊焊缝接头弹性模量样坯应在焊缝区域内切取，试样按图 3-76 加工，测量采用动力学法进行。

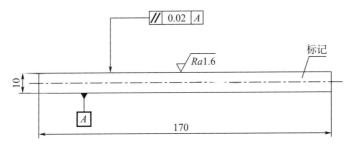

图 3-76　焊缝接头弹性模量试样尺寸

3.3.6.8　弯曲性能试验

（1）试验方法及项目

焊接接头和母材常温弯曲试验方法及所需测量项目按照《金属材料弯曲力学性能试验方法》（GB/T 14452）执行，具体试验项目为：抗弯强度极限（σ_{bb}）、规定非比例弯曲应力（$\sigma_{pb0.2}$）、弯曲弹性模量（E_b）。

（2）弯曲试样

搅拌摩擦焊焊缝接头弯曲性能试样按图 3-77 加工。

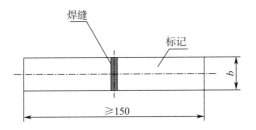

图 3-77　焊缝接头弯曲性能试样尺寸

3.3.6.9　残余应力测量

（1）试验方法及项目

焊缝区域残余应力测量试验参照《铝及铝合金表面残余应力的 X 射线测试方法》（QJ2916）执行。

（2）残余应力测量试样

残余应力测量所用试样表面不得有油污、油膜、厚氧化层和附加应力层，表面粗糙度 Ra 最大允许值不得大于 10 μm，试样表面原则上应采用手工打磨，不允许进行机械加工，当打磨无法达到所需粗糙度时，可采用电解抛光，搅拌摩擦焊焊缝残余应力试样按图 3－78 加工，焊缝横截面经金相法腐蚀后的低倍形貌如图 3－79 所示，残余应力测量时需按图示 9 个点进行测量。

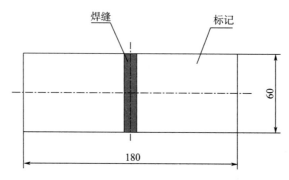

图 3－78　焊缝接头残余应力试样尺寸

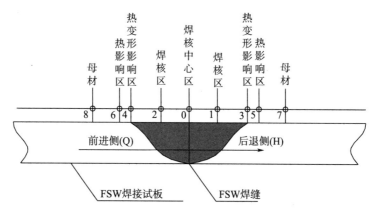

图 3－79　搅拌摩擦焊焊缝区低倍形貌（金相法腐蚀）示意图

3.3.6.10　典型力学性能数据分析

（1）力学性能数据严重偏低情况分析

铝合金搅拌摩擦焊搭接接头试板在进行力学性能试验时，曾出现各项性能指标严重偏低，强度为 200 MPa，屈服强度无法测得，典型偏低数据见表 3－11。力学性能试验拉伸断口呈韧性与脆性混合断口特征，如图 3－80 所示。切取试板焊缝截面制成金相试样进行分析，发现压合线较大范围内存在焊缝熔合区，压合线被卷起的垂直高度约为 2 mm，分析初步认为性能偏低与压合线被大量带入熔合区有关，典型金相组织图如图 3－81 所示。后对焊接工艺进行改进，仍采用搭接形式进行对接焊，焊接后取样进行力学性能试验及金相分析，结果表明性能恢复到以前较稳定的水平，金相观察表明，压合线在焊缝近底部热变形影响区发生形变，沿金属塑性流动前进侧卷起向正面延伸，终止于熔合区底部，如图 3 - 82 所示。

表 3 - 11　铝合金搅拌摩擦焊搭接接头试板力学性能数据表

名称 参数 单元	最大负载/kN	最大压力/(N/mm²)	YS1 负载/kN 0.20%	YS1 压力/(N/mm²) 0.20%
S60 - 7 - 1	10.83	134.3	—	—
S60 - 7 - 2	16.52	208.1	—	—
S60 - 7 - 3	11.99	145.5	—	—
S60 - 7 - 4	12.23	150.9	—	—
S60 - 8 - 1	22.74	277.6	21.41	261.4
S60 - 8 - 2	20.83	259	20.18	251
S60 - 8 - 3	21.12	265.5	20.4	256.5
S60 - 8 - 4	23.21	273.1	21.72	255.5
S60 - 9 - 1	13.5	166.7	—	—
S60 - 9 - 2	11.67	142.9	—	—
S60 - 9 - 3	12.05	143.6	—	—
S60 - 9 - 4	12.53	153	—	—
S60 - 10 - 1	23.05	281.8	21.34	260.8
S60 - 10 - 2	24.19	295	21.22	258.8
S60 - 10 - 3	25.91	306.1	22.11	261.3
S60 - 10 - 4	22.95	281.5	21.38	262.2

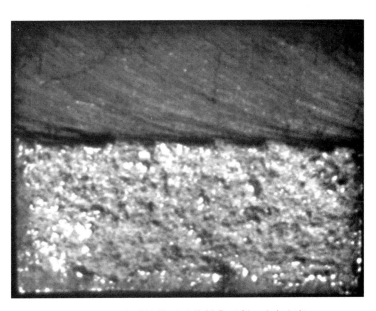

图 3 - 80　力学性能严重偏低典型断口金相组织

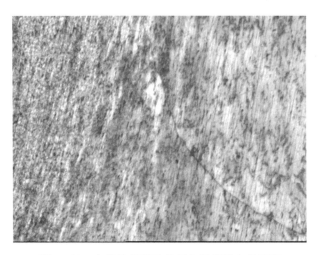

图 3-81　力学性能严重偏低典型焊缝金相组织

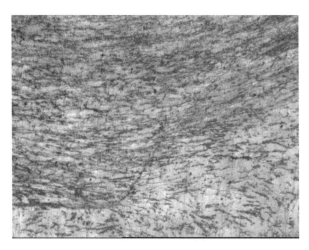

图 3-82　工艺改进后典型焊缝金相组织

（2）残余应力测量数据分析

选择 7 组铝合金搅拌摩擦焊试板，试板规格见表 3-12，按图 3-79 选取焊缝区域残余应力测量点，测量结果如图 3-83～图 3-89 应力分布曲线所示。分析测量数据发现：1）铝合金搅拌摩擦焊焊缝残余应力峰值多分布在焊缝变形热影响及热影响区，离焊缝的距离越远，残余应力会逐渐转化为板材的初始应力状态；2）不同状态搅拌摩擦焊焊接试板焊缝及母材残余应力水平均在±60 MPa 范围之间波动，熔焊焊缝残余应力在－40～40 MPa 范围波动；3）T 型接头在焊后经时效处理，未加工厚度状态下焊缝各区域残余应力分布较为平缓，基本均布于焊缝各区域；4）T 型接头试板厚度尺寸经单面加工 3 mm 后，焊缝前进侧残余应力较后退侧大，峰值点多出现在焊缝前进侧变形热影响区；5）8 mm 对接焊后进行完全（均匀化）退火＋淬火时效处理的试板残余应力峰值多出现在焊缝变形热影响区；6）8 mm、4 mm 对接（焊态＋时效）状态残余应力峰值点多出现在焊缝母材区域，表明该状态下焊缝残余应力显著降低，基本与母材持平；7) 搭接焊态的残余应力峰值点离散分布在母材和焊缝变形热影响区。

表 3 - 12　残余应力测量试板明细表

序号	焊接形式	牌号	数量	状态	单件测量点数	总测量点数
1						
1.1	8 mm	LD7CS	2	厚度不予加工	3	6
			1	厚度加工	3	3
1.2	8 mm	LD7R	2	厚度不予加工	3	6
			1	厚度加工	3	3
2						
2.1	3 mm 对接	LF6M	2	熔焊焊态＋退火	7	14
3						
3.1	(10 mm＋7 mm)搭接	LD7CS	2	焊态	9	18
			2	焊态＋时效处理厚度加工	9	9
4						
4.1	8 mm 对接	LD7CS	2	焊态＋淬火＋时效处理	9	18
			1	焊态＋淬火＋时效处理厚度加工	9	9
5						
5.1	6 mm 对接	LD7CS	1	焊态	9	9
6						
6.1	8 mm 对接	LD7CS	2	焊态＋快速退火＋淬火＋时效处理	9	18
6.2	4 mm 对接	LD7CS	1	焊态＋完全退火＋淬火＋时效处理	9	9
7						
7.1	8 mm 对接	LD7CS	3	焊态＋时效处理	9	27
			3	焊态＋时效处理后厚度加工	9	27

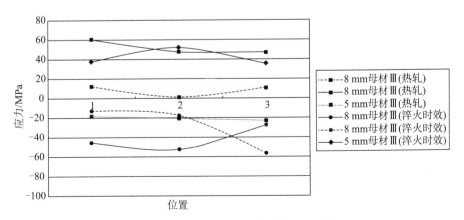

图 3 - 83　第一组试板残余应力测量数据

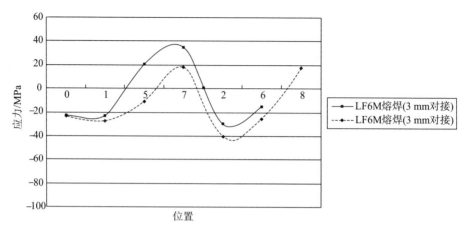

图 3 - 84　第二组试板残余应力测量数据

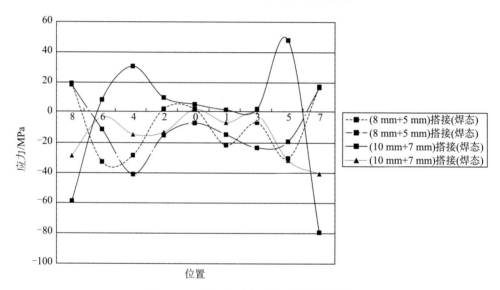

图 3 - 85　第三组试板残余应力测量数据

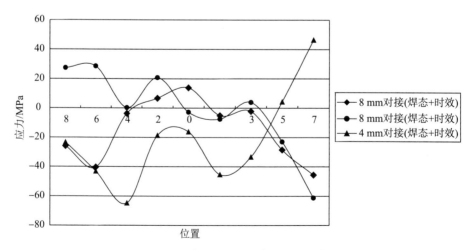

图 3 - 86　第四组试板残余应力测量数据

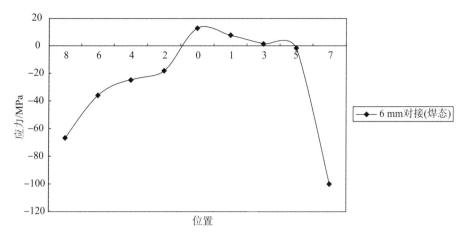

图 3 - 87　第五组试板残余应力测量数据

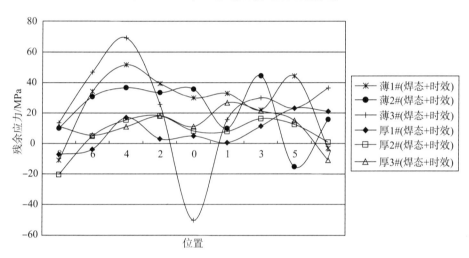

图 3 - 88　第六组试板残余应力测量数据（T 型接头）

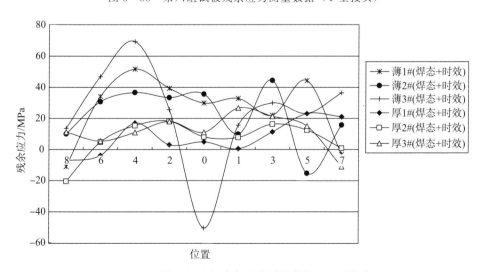

图 3 - 89　第七组试板残余应力测量数据（T 型接头）

3.4　铝合金搅拌摩擦焊内部质量等级和评定

铝合金搅拌摩擦焊内部质量等级与检测方法相对应。对于超声相控阵检测，QJ20045标准中对航天产品搅拌摩擦焊对接接头超声相控阵检测结果分为 A1、A2、A3 三个级别，其中 A1 级为最高级，A3 级为最低级，其具体分级见表 3-13。同时，标准中对箭体贮箱类结构，以根部区域弱结合缺陷为主的局部缺陷进行检测的，将检测结果分为 G1、G2、G3 三个级别，其中 G1 级为最高级，G3 级为最低级，其具体分级见表 3-14。

表 3-13　铝合金搅拌摩擦焊对接接头超声相控阵检测结果参考分级

母材厚度 δ/mm	评定级别	缺陷情况	
		缺陷幅度 D_i	缺陷指示长度 E/mm
$3 \leqslant \delta < 8$	A1 级	$D_i < \phi 1\,mm - 9\,dB$	$E \leqslant 4$
		$D_i < \phi 1\,mm - 6\,dB$	点状
	A2 级	$D_i < \phi 1\,mm - 6\,dB$	$E \leqslant \delta$，最大为 6
		$D_i < \phi 1\,mm - 3\,dB$	点状
$8 \leqslant \delta \leqslant 15$	A1 级	$D_i < \phi 1\,mm - 3\,dB$	$E \leqslant \delta$，最大为 10
		$\leqslant D_i < \phi 1\,mm - 1\,dB$	点状
	A2 级	$\leqslant D_i < \phi 1\,mm - 1\,dB$	$E \leqslant \delta$，最大为 12
		$\leqslant D_i < \phi 1\,mm + 1\,dB$	点状
$3 \leqslant \delta \leqslant 15$	A3 级	超过 A2 级或存在裂纹	

注：①$\phi 1\,mm - X\,dB$ 表示缺陷当量比 $\phi 1\,mm$ 横孔基准灵敏度低 $X\,dB$，即为该级别评定灵敏度；
②点状，探头固定在某点时缺陷有显示，探头稍加移动后缺陷即消失，此时缺陷指示长度（E）定为点状；
③如母材厚度 δ 不等，取薄件厚度。

表 3-14　铝合金搅拌摩擦焊对接接头根部区域超声相控阵检测结果参考分级

母材厚度 δ/mm	评定区 Y/mm	评定级别	缺陷情况	
			缺陷幅度 D_i	缺陷指示长度 E/mm
$3 \leqslant \delta \leqslant 12$	$0 \leqslant Y \leqslant 1$	G1 级	$D_i < \phi 1\,mm - 9\,dB$	$E \leqslant 4$
		G2 级	$\phi 1\,mm - 9\,dB \leqslant D_i < \phi 1\,mm - 6\,dB$	$E \leqslant \delta$，最大为 6
		G3 级	超过 G2 级或存在裂纹	

注：①$\phi 1\,mm - X\,dB$ 表示缺陷当量比 $\phi 1\,mm$ 横孔基准灵敏度低 $X\,dB$，即为该级别评定灵敏度；
②如母材厚度 δ 不等，取薄件厚度；
③Y 为评定区域上下限距接头根部表面的距离。

对于超声检测，根据缺陷当量、缺陷指示长度的不同，将铝合金搅拌摩擦焊超声检测结果分为 A1、A2、A3、A4、A5 五个级别，其中 A1 级为最高级，A5 级为最低级，其具体分级见表 3-15。

对于 X 射线检测，检测结果与缺陷影像特征、缺陷类型、被检焊缝厚度等密切相关，具体情况见表 3-16 和表 3-17。

质量验收等级应结合焊缝结构件使用环境、承载、寿命等要求商定。必要时可对一个产品不同区域及部位使用多个等级。

表 3 - 15　铝合金搅拌摩擦焊超声检测结果参考分级

等级	缺陷当量大小	主要指标
Al	$\leqslant \phi 0.8$ mm	允许单个缺陷、长条形缺陷存在,单个缺陷间距不小于 25 mm,长条形缺陷长度不大于 10 mm
A2	$\leqslant \phi 1.2$ mm	允许单个缺陷、长条形缺陷存在,单个缺陷间距不小于 25 mm,长条形缺陷长度不大于接头母材厚度的 1/3 或最大值 10 mm,每 100 mm 焊缝上允许存在 1 个长条形缺陷
A3	$\leqslant \phi 2.0$ mm	允许单个缺陷、长条形缺陷存在,单个缺陷间距不小于 25 mm,长条形缺陷长度不大于接头母材厚度的 2/3 或最大值 12 mm,每 100 mm 焊缝上允许存在 1 个长条形缺陷
A4	$\leqslant \phi 3.2$ mm	允许单个缺陷存在,单个缺陷间距不小于 25 mm。不允许长条形缺陷存在
Λ5	$> \phi 3.2$ mm	允许单个缺陷、长条形缺陷存在

注:当判定检出的缺陷为裂纹、弱结合、未焊透等危害性缺陷时,无论其波幅、尺寸如何,A1 级、Λ2 级、A3 级均不允许。

表 3 - 16　铝合金搅拌摩擦焊内部缺陷 X 射线检测结果参考分类

序号	缺陷名称	缺陷影像特征	评定结果
1	未熔合	见图 3 - 50	不合格
2	裂纹	见图 3 - 51	不合格
3	孔洞	见图 3 - 52~图 3 - 54	不合格
4	高密度夹杂	见图 3 - 55	见表 3 - 17
5	低密度夹杂	见图 3 - 56	见表 3 - 17
6	未焊透	见图 3 - 57	不合格

表 3 - 17　铝合金搅拌摩擦焊内部夹杂缺陷 X 射线检测结果参考评定

母材厚度 δ/mm	允许存在的单个夹杂缺陷/mm	相邻缺陷间的间距不小于/mm	在任取 100 mm 长焊接接头内单个夹杂缺陷的累积面积不大于/mm²
$\leqslant 3$	0.5δ		0.6δ
$>3\sim6$	0.5δ 或 2 取较小值		6
$>6\sim10$	2.5	相邻的较大缺陷尺寸的 3 倍	10
$>10\sim15$	3		15
>15	3.5		20

第4章 搅拌摩擦焊技术在航空航天铝合金产品中的应用

4.1 概述

搅拌摩擦焊技术于1991年由英国焊接研究所发明，是已获得世界范围专利保护的新型固相连接技术，也是世界焊接技术发展史上自发明到工业应用时间跨度最短且发展最快的一项神奇技术。搅拌摩擦焊作为一项革命性的新型连接制造技术，与传统的熔焊技术相比，它在控制焊接缺陷和变形、提高焊接接头强度、改善焊接接头的耐疲劳性能方面具有突出的优势。在航空航天制造业，搅拌摩擦焊技术为铝合金产品结构整体舱段制造提供了一种可以替代锻造、铸造、熔焊等传统技术的手段。

搅拌摩擦焊技术发明至今，无论在国外还是在国内，已经成功跨出试验研究阶段走向快速工业化应用，发展成为在铝合金结构制造中可以替代熔焊技术的工业化实用固相连接技术。这项新型的焊接技术在航空航天飞行器、高速舰船快艇、高速轨道列车、汽车等轻型化结构以及各种铝合金型材拼焊结构制造中，已经展示出显著的技术和经济效益。本章主要介绍搅拌摩擦技术在航空航天铝合金产品中的工程应用。

4.2 搅拌摩擦焊技术在航空铝合金产品中的应用

在航空制造工业领域，搅拌摩擦焊作为飞机轻合金结构制造技术的一种发展趋势还处于研究开发以及工程化阶段。但是以英国焊接研究所、波音、空客以及美国月蚀航空公司为代表的搅拌摩擦焊技术，其开发和应用已经取得了丰硕的成果。近期的研究结果表明，搅拌摩擦焊可以在飞机机翼结构、翼盒结构、机身结构、舱门结构、裙翼结构、机舱气密隔板以及货物装卸结构等方面得到应用。

美国大型军用运输机C-17的舱内地板和载货斜坡地板采用了搅拌摩擦焊技术制造，使制造成本降低了360万美元，仅载货斜坡地板构件就可以减重180 kg，洛克希德·马丁公司已将搅拌摩擦焊应用于C-130J压力舱壁板、地板及隔板的焊接，并于2002年通过了全尺寸机身段功能验证。波音公司采用搅拌摩擦焊成功实现了F-15战斗机尾翼整流罩结构上薄壁T型接头的焊接，并通过了飞行测试。空客公司采用搅拌摩擦焊技术制造A340-600大型民用客机的翼肋，空客计划将搅拌摩擦焊技术大规模用于A350机身纵缝的焊接，以取代传统的铆接。资料表明，使用搅拌摩擦焊技术制造飞机机身，每米连接长度可以减重0.9 kg，减重效果明显。

美国月蚀航空公司自1997年投资3亿美元用于全搅拌摩擦焊飞机的开发和研制，通过对搅拌头、焊接工艺、焊接应力变形控制技术、焊接工装设备的优化研究，以及对搅拌摩擦焊结构性能的系统测试试验，且在取得了美国联邦航空管理局（FAA）认证后，月蚀公司在 Eclipse-500 型商务飞机上采用搅拌摩擦焊技术全面替代了铆钉连接结构，包括飞机蒙皮、翼肋、弦状支撑、飞机地板及结构件的装配。单架飞机共用 136 m 长的搅拌摩擦焊焊缝代替 7 378 个铆钉，飞机的搅拌摩擦焊焊接制造效率比自动铆接快 6 倍，比手动铆接快 60 倍。搅拌摩擦焊的应用提高了生产效率、降低了制造成本，该型飞机已经于 2003 年 8 月开始交付用户使用，2008 已将达到日生产 4 架飞机。搅拌摩擦焊技术的采用是该型飞机研制取得成功的关键因素之一。

在飞机制造领域，新材料、新工艺的应用也是提高飞机性能、降低制造成本的一种有效途径，所以世界范围内的飞机制造公司及相关研究所，除了完成许多搅拌摩擦焊的基础研究外，还针对飞机的特殊零部件展开了搅拌摩擦焊应用研究，如：飞机机身的纵向、环向、预成形件的搅拌摩擦焊连接、飞机起落架传动支承门、飞机方向翼板、飞机中心翼盒盖板、飞机蒙皮制造、飞机机翼蒙皮结构的修理、飞机地板搅拌摩擦焊以及新型商业飞机的搅拌摩擦焊。某些飞机零部件已经进行了飞行试验，以确定搅拌摩擦焊连接技术的实用性、可靠性、安全性等。

自 2004 年北京航空制造工程研究所中国搅拌摩擦焊中心与国内主要飞机设计单位和制造公司合作，针对飞机结构及材料，国内开展了搅拌摩擦焊基础工艺技术研究，并与国内飞机设计所和制造厂合作，积极探索搅拌摩擦焊应用于在役和未来新一代战斗机、大飞机的可行性。

经过多年的努力和多个科研项目的合作，北京航空制造工程研究所（现为中国航空制造技术研究院）北京赛福斯特技术有限公司、中国商飞上海飞机制造有限公司、上海飞机设计研究院建立了紧密的伙伴关系。各方以提升国产客机制造工艺为目标，以验证机身壁板搅拌摩擦焊制造技术为手段，针对国产客机第三代铝锂合金机身整体壁板，在满足整体结构设计要求的前提下，系统地开展了机身整体壁板搅拌摩擦焊技术的基础工艺试验、接头基础性能评价、缺陷监测、质量评定、焊接变形控制、焊接及铆接典型力学性能对比、模拟段制造等一系列研究，掌握了相关关键技术，初步验证了搅拌摩擦焊焊接技术应用于国产客机机身整体壁板结构制造的可行性，壁板焊接模拟件如图 4-1 所示。

对于飞机壁板结构件的制造而言，搅拌摩擦焊技术从接头性能可靠性、焊接工艺的高效率以及先进性等各个方面，都体现出传统铆接技术不可比拟的优势。通过对铝锂合金的搅拌摩擦焊试验件静力性能、疲劳性能、微观组织及织构分析、焊缝性能评定、大尺寸模拟件焊接等一系列试验验证，已经掌握了 $AlLiS_4$ 铝锂合金的搅拌摩擦焊核心工艺技术，初步形成了搅拌摩擦焊机身整体壁板的测试设计、制造及测试技术体系。但是，现有研究对于实际应用而言还不够全面，尤其在焊接结构完成性、搅拌摩擦焊接头成型机理、结构件受力及破坏分析等方面还有待于开展更深入、系统的研究工作。

图 4 - 1　壁板焊接模拟件

4.3　搅拌摩擦焊技术在散热器上的应用

在电力、电子行业中，为解决大功率器件发热烧毁或过热导致性能不稳定等问题，常常需要使用辅助的散热器为器件降温。在需要对工作温度进行严格控制的场合，每个功率在50 W 以上的元器件至少使用1～2 个铝散热器，因此，散热器在电子产品上的应用非常广泛。

传统的散热器较多采用铜、铝及其合金制造，连接工艺一般采用钎焊，部分采用熔焊。目前，从经济性、轻量化方面考虑，用铝材代替传统的铜材制造散热器是非常理想的。但是，与铜相比，铝更加不易钎焊，由于线膨胀系数较大，熔焊就更加困难。对于铝、铜材质的散热器而言，搅拌摩擦焊焊接是首选方案。

目前国内电力行业进行电力运输用的交、直流功率转换热沉器（图 4 - 2），前期为ABB 进口产品，目前国家根据电力发展需要将其国产化。该热沉器产品材料为 6063 铝合金材料，ABB 公司的产品工艺要求必须用搅拌摩擦焊接，而且目前所有焊接技术（TIG、电子束、激光）都无法完成，摩擦焊接工艺占到产品总加工量的1/4。要实现该产品的国产化，必须采用搅拌摩擦焊工艺。

中国搅拌摩擦焊中心经过努力，通过调整合适的焊接压入量，解决了焊接中的隧道缺陷问题，该热沉器产品已经在中国搅拌摩擦焊中心实验室开发成功（图 4 - 3），并且已生产出合格产品样机，该样机经过厂家的检验，在 2.5 MPa 压力下持续 7 h 不泄漏（设计检验指标：1.5 MPa 压力下持续 15 min 不泄漏），产品质量和性能远远超过厂家设计和检验指标。

中国搅拌摩擦焊焊接中心以提高产品的 FSW 质量为出发点，就产品的焊前准备、焊接操作规程、FSW 生产工艺、产品耐压检测以及无损检测等方面进行了再开发和研究。目前已具备较为成熟的全套生产与检验工艺标准。

图 4 - 2　铝合金热沉器

图 4 - 3　搅拌摩擦焊焊缝打压试验

　　此外，中国搅拌摩擦焊焊接中心与中国电子科技集团南京第 14 研究所联合研制开发 6063、LD10 和 LF5 等铝合金散热器的搅拌摩擦焊焊接工艺，该散热器用作某型号控制电路板外接液冷散热，以保证电子元器件正常的工作温度。

　　红阳公司对该工艺也进行了探索研究，图 4 - 4 为红阳公司焊接的某电动汽车电池托盘水冷件，焊后表面加工掉 1 mm，打压 4 MPa 持续 20 min 无渗漏，大大超过 2 MPa 持续 15 min 无渗漏的设计要求。

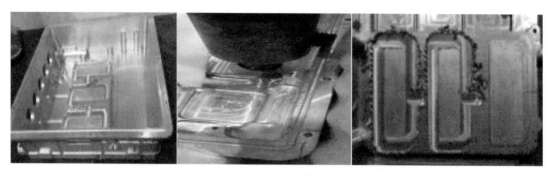

图 4 - 4　平面二维搅拌摩擦焊设备及产品

由于是自支撑结构，且焊接时 Z 向压力较大，容易导致隧道内局部塌陷，影响冷却液流量，为了全面考察隧道成形效果，将零件各个特征部位，如转角、焊缝引入处等，进行解剖观察，结果显示隧道内部均匀一致，在转角和焊缝引入处成形良好。

4.4　搅拌摩擦焊技术在航天铝合金产品中的应用

在国外，搅拌摩擦焊已经成功代替熔焊实现了大型空间运载工具如运载火箭和航天飞机等大型高强铝合金推进剂贮箱的制造，周期、设备、人力成本等综合费用节省了 60%，焊缝接头强度提高 30%～50%。

2002 年，北京航空制造工程研究所与英国焊接研究所正式签署搅拌摩擦焊专利许可协议，并在技术合作的基础上成立了中国搅拌摩擦焊中心，标志着搅拌摩擦焊技术正式登陆中国。近年来，搅拌摩擦焊技术在国内发展迅速，在技术研发、设备制造等方面都有了突破性的进展，并且已经在各行业中得到应用，正在推动着中国轻合金结构制造业连接技术的加速发展。目前，国内开展搅拌摩擦焊技术研究的研究院所主要有北京航空制造工程研究所、哈尔滨工业大学、中南大学、南昌航空大学等；实现搅拌摩擦焊技术工业化生产的单位有湖北三江航天红阳机电有限公司（红阳公司）、南京晨光集团、上海航天设备制造总厂、南车株洲电力机车有限公司、长春轨道客车股份有限公司等。搅拌摩擦焊技术已在中国航天、航空、汽车、铁路、船舶等领域开始广泛应用。

4.4.1　弹体舱段搅拌摩擦焊技术

作为国内最早开展搅拌摩擦焊技术工业化生产的单位，红阳公司自 2004 年起，与北京航空制造工程研究所合作，成功研制了当时国内最大的静龙门搅拌摩擦焊专用设备，2006 年公司参与搅拌摩擦焊技术制造的某航天产品飞行试验取得成功，这是搅拌摩擦焊技术首次在国内航天产品上应用并成功通过飞行试验考验。作为军用技术推广项目的实施单位，红阳公司 2012 年获得了国防科工局关于搅拌摩擦焊技术推广应用的基础科研项目的立项。经过"十一五"期间的发展，公司现已在六个型号产品共计十余种大型整体舱段上得到应用，均顺利通过静力试验及飞行试验的考核，并已形成批量生产，提升了公司的核心竞争力，为航空航天系统在大型整体舱段制造方面提供了新的结构制造平台。搅拌摩擦焊技术已经成功在航天领域得到了工程化应用并实现批量装备，促进了航天产品装备制造体系的技术升级，材料利用率从 10% 提升到 30%，生产效率提高 5 倍以上。

未采用搅拌摩擦焊工艺前，弹体舱段一般采用整体舱段毛坯价格，整体舱段毛坯主要采用锻造或环轧件经机械加工而成。一方面，由于毛坯环轧件厚度较厚，其芯部轧制时容易出现疏松、夹杂等缺陷，并且超声波不易检测，往往在加工至产品接近最终状态时暴露缺陷，导致产品质量风险巨大，并且严重影响生产进度；另一方面，采用整体环轧件材料利用率较低（约 17%），并长期占用高成本的数控加工设备，导致加工成本较高。搅拌摩擦焊技术由于其固相连接的特性能够实现热强性铝合金材料的可靠焊接，产品毛坯采取焊接结构，具有材料利用率高、加工成本低、加工周期短和绿色环保等优点。

与整体舱段壳体毛坯价格相比，搅拌摩擦焊成形工艺在材料成本、加工成本、生产周期上具有明显优势，与坯料整体加工方案对比见表 4-1。

表 4-1　加工方案对比

对比项目＼加工方案	超大轧制坯料整体加工	若干段坯料搅拌摩擦焊后机械加工
原材料成本	采购超大铝锻件、材料成本高，且坯料芯部质量不易保证	采购规格较小的铝锻件、材料成本低
材料利用率	约 17%	约 70%
加工周期	约 3 个月	约 1.5 个月
质量保证	芯部容易出现疏松、裂纹等缺陷，且不易检测	焊接完毕后通过无损探伤确保焊缝质量

4.4.1.1　弹体舱段搅拌摩擦焊工艺设计原则

搅拌摩擦焊结构工艺设计，根据整体舱段结构特点、复杂程度，将舱段按典型结构、典型接头形式进行分类。

分类原则：

（1）典型结构

结构设计以降低材料成本、简化加工工序、减小加工工作量、降低加工难度为原则；在此基础上将构件划分为多个易于成形、易于加工、经济的简单部分，通过搅拌摩擦焊连接成连续的、不因焊接而产生薄弱环节且满足功能要求的整体构件，并最大限度地降低材料成本、减小加工工作量，从而达到利用搅拌摩擦焊技术实现弹体舱段整体、高效、低成本制造的目标。

（2）典型接头形式

焊接接头位置以连续性、不因焊接而产生薄弱环节、满足功能要求为原则；接头连接形式以焊接工艺简单、焊接质量可靠、焊接适应性好为原则，同时接头设计还需考虑加工工艺性，力求加工简单；最终匙孔停留位置优先考虑预留在舱段上的开口位置，在后续机械加工中可以加工掉，若舱段上没有开口，匙孔应预留在强度或刚度最好的位置，最后在该处铆接一个相同材料牌号的铆钉（随着搅拌头回抽技术的成熟及搅拌摩擦焊塞焊工艺的成熟和完善，可采用搅拌头回抽技术实现无匙孔焊接或采用塞焊技术实现匙孔的等强度无缝填塞）。

4.4.1.2　典型舱段结构形式

目前弹体搅拌摩擦焊舱段的主要类型为圆柱段壳体和圆锥类壳体，内部包含或不包含加强筋，典型结构如图 4-5 所示。

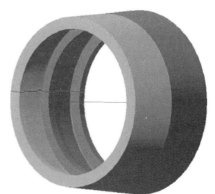

（a）圆柱段壳体　　　　　　　　　　（b）圆锥类壳体

图 4-5　典型舱段模型

在搅拌摩擦焊舱段设计原则下，结合弹体舱段结构将舱段毛坯分解为端框＋端框、端框＋蒙皮＋端框、端框＋蒙皮＋端框＋环向筋等典型结构，由于变整体大锻件为分段小锻件、蒙皮、环向筋等，这样的结构设计和划分大大缩短产品备料周期，降低了原材料成本，同时又保证产品的高质量和可靠连接。

4.4.1.3　典型接头形式

焊接接头形式采用试验研究较为成熟的对接、对搭接、T 型接等形式，图 4-6～图 4-11 为常见舱段拆分及接头形式。

图 4-6 所示为前端框＋后端框结构形式，此结构适用于舱段厚度较厚，无法实现蒙皮滚卷成形舱段的搅拌摩擦焊，一般采用对搭接接头形式，通过前后端框的尺寸保证使舱段装配达到紧配合的状态，通过搭接板的刚性自支撑保证焊接过程的稳定。通常对于圆柱段舱段，放平零件即可实现焊接，但对于锥形零件，需将工装偏摆与锥形零件以同样锥度角度放平后焊接。图 4-7 所示为前端框＋蒙皮＋后端框结构形式的零件，一般蒙皮采用板料滚卷，焊接对接焊纵缝，纵缝焊接后，对搭接装配位置进行机械加工后与端框组合拼焊，端框与蒙皮环缝焊接位置可采用工装刚性支撑或采用辅助支撑环，保证焊接位置刚性及焊接质量。

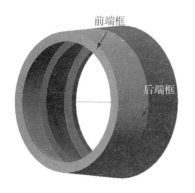

图 4 - 6　锥形舱段

图 4 - 7　圆柱段舱段

图 4 - 8 所示为前端框＋蒙皮＋后端框＋环向筋结构形式的锥形舱段，其中蒙皮与前端框若通过尺寸配合，一般无法装配，通常将前端框装配面留有间隙，将蒙皮与前端框装配后采用胀紧环压装，保证焊接侧刚性，环向筋与蒙皮采用 T 型接头形式连接。

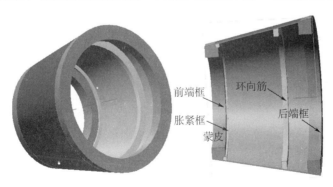

图 4 - 8　带环形筋舱段

一般若环向筋尺寸较窄，T 型接头焊核可以覆盖最终产品尺寸时，一般采用图 4 - 8 所示接头形式，若环向筋较宽，无法采用 T 型接头覆盖，一般采用图 4 - 9 和图 4 - 10 的结构形式，图 4 - 9 采用对搭接接头形式，焊接两条环焊缝后通过机械加工环向筋保证产品尺寸，图 4 - 10 则是采用已加工环向筋后，将前后端框装配组合焊接。

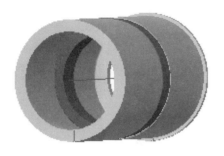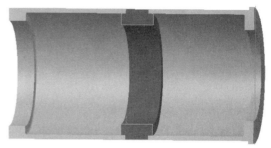

图 4-9　圆柱带筋舱段 1

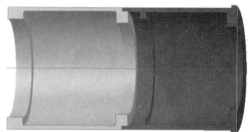

图 4-10　圆柱带筋舱段 2

一般封闭结构也采用如图 4-11 所示的对搭接接头形式进行焊接，焊后仅加工零件外表面。

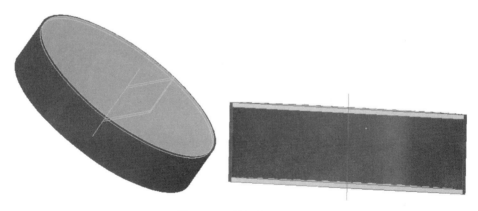

图 4-11　封闭柱段舱段

焊接部位的配合关系直接影响产品的焊接质量。焊接部位配合若存在间隙导致焊接部位或焊接位置与工装存在悬空，在焊接此位置时会出现焊接顶锻力急剧下降，从而出现隧道孔洞及弱结合等缺陷。为此，需在零件状态下对配合关系提出严格要求，确保配合部位有一定的焊接过盈量，保证产品焊接质量。在产品结构确定的同时，通过理论分析和工艺试验验证，确定产品焊接位置装配关系。

一般舱段组合焊接时通常采用对搭接形式连接，采用此种接头形式，可保证零件背部的刚性，同时降低零件装配精度要求，降低工装设计难度，保证零件的焊接质量，而一般对于蒙皮类零件通常采用对接接头形式，对接焊与平板对接焊工艺类似，与其不同的是焊接时搅拌头的选取，通常情况下平板对接焊搅拌针长度比试板厚度短 0.2～0.4 mm，而对于弧形蒙皮焊接，由于搅拌头轴肩直径的关系，焊接过程中高点位置受轴肩影响会挤平，从而降低蒙皮厚度，蒙皮焊接需考虑减去轴肩覆盖范围内的零件厚度尺寸，如图 4 - 12 所示距离 L。通常情况下蒙皮直径越小，搅拌针长度越短；搅拌头轴肩直径越大，搅拌针长度越短。

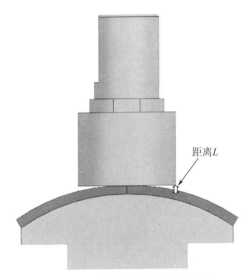

图 4 - 12　蒙皮曲面对接焊示意图

4.4.1.4　焊接预留余量控制

搅拌摩擦焊技术具有加工变形小、焊接残余应力小等优点，从理论上讲，舱段焊接应在小余量和无余量状态下进行。但是，由于当产品圆度、同轴度等形位公差要求较高（如一些舱段外表面要求套装或缠绕玻璃钢等非金属材料，圆度要求达 0.5 mm 甚至 0.3 mm）；同时，如舱段中间蒙皮采用滚卷或旋压成形的办法，成形精度难以满足如此高精度的要求，且搅拌摩擦焊焊接时 Z 向压力较大，对工装刚性要求很高，一旦焊接工装刚性和工装本身圆度、直线度存在一定波动，再加上零件加工过程中尺寸有偏差，在无余量状态下焊接时，反面焊透难以控制，极易出现搅拌头扎入过深粘上焊接垫板或反面焊不透缺陷；搅拌摩擦焊焊接时，由于搅拌头与零件存在焊接倾角，搅拌头轴肩正面需压入金属，因此轴肩位置存在低于母材表面区域。基于以上原因，整体舱段仍采用内外表面留有加工余量的办法，但原则上加工余量尽可能小，以保证产品的最终焊接质量和加工精度为前提。余量的留取主要以工艺试验为主，通过控制和记录零件加工、焊接、后续热处理、机械加工过程的变形情况，对检测记录数据进行分析和处理，最终确定内外表面的加工余量。

对于蒙皮类对接接头，搅拌针长度的选择尤为关键，若搅拌针长度较长时，容易扎穿焊接垫板，引起焊缝金属夹杂；若搅拌针长度较短时，容易导致未焊透缺陷产生。目前搅拌摩擦焊对接焊缝也采用母材背部加厚进行焊接，焊后采用机械加工方法去除背部余量，存在原材料利用率低、加工成本增加等缺点。

红阳公司通过采用背部垫板加焊漏槽方式进行焊接，采用与焊漏槽开槽方式匹配的搅拌针端部形貌对焊缝焊接，焊后根据需要打磨或不打磨背部焊漏，有利于避免未焊透及扎穿垫板的现象，实现了对接焊缝背部无余量焊接，提高材料利用率，减少机械加工环节，提高生产效率。焊接产品实物如图 4-13 所示。

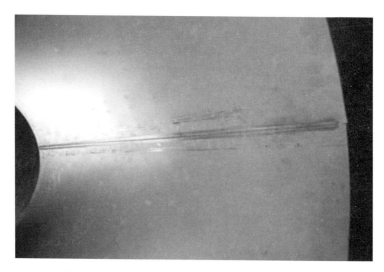

图 4-13　蒙皮零件垫板开焊漏槽焊接焊缝背部形貌

图 4-14 所示为辅助定位块、带焊漏槽垫板与之匹配的搅拌头组合形式，焊接垫板表面与零部件的背部形貌相适应，对缝中心开一圆弧形槽，槽口处倒圆角；搅拌头与常用的搅拌头类似，但搅拌针底部为球面，与圆弧形槽相匹配，防止搅拌针过长或下压量过大后与圆弧形槽接触，导致焊缝夹杂；辅助定位块用于对接焊时的零件装配，其中上表面为平面，用于焊接工装压装，下表面与焊接垫板一侧贴合，右侧与焊接垫板贴合，起限位作用，左侧最边缘与焊接垫板中心线在同一平面上，用于对接缝对齐；工作时，将辅助定位块安装在焊接垫板上压紧，将一块待焊零部件装配在辅助安装块对接侧压紧，撤下辅助定位块，在辅助定位块安装位置安装另一块待焊零部件，完成零件的装配及焊接。

4.4.1.5　舱段成形焊接常见缺陷

（1）带胀紧框焊缝轴肩下压量过深

原因分析：1）前端框侧环向焊缝在焊接过程中，需对胀紧框施加较大的力，若胀紧框压板刚度不够及螺纹孔连接强度不够，在环向焊缝焊接过程中可能导致胀紧框向后端框方向发生轴向位移，从而导致蒙皮与胀紧框间的径向间隙增加，促使零件所能承担的顶锻力下降，为保证焊接顶锻力要求，搅拌头向壳体径向方面移动，最终造成搅拌头轴肩下压量过深。2）蒙皮与胀紧框装配过盈量不足，主要有两个效应，一是造成蒙皮没有被胀形

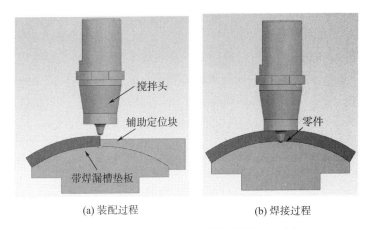

(a) 装配过程　　　　　　　　(b) 焊接过程

图 4-14　带焊漏槽搅拌摩擦焊焊接过程示意

框撑圆，圆度跳动大，二是造成蒙皮与胀形框之间存在间隙，并且在焊接过程中温度不断升高导致蒙皮和端框热膨胀，在蒙皮与胀紧间的装配过盈量不足以抵消热膨胀和装配后蒙皮与胀形框之间的径向间隙，将导致搅拌头轴肩下压量的深度随着热膨胀的增加而增加。零件热膨胀是固有规律，因此，零件间的装配过盈量不足是导致搅拌头轴肩下压量过深的另一个原因。

　　控制措施：1）零件在机械加工时必须保证过盈量；2）在装配前，对胀紧框高度、前端框下陷直径和高度，对装配过盈量进行复检，确保装配到位；3）增加中间筋压板，控制中间筋在焊接过程中产生轴向位移；4）针对胀紧框外移，对定位压板进行结构改进，如增加定位螺栓的数量和直径，增加压板刚度。结构示意图如图 4-15 所示。

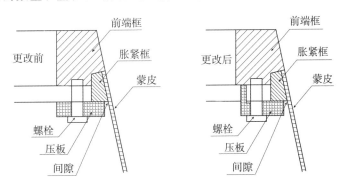

图 4-15　压紧板更改示意图

　　（2）焊缝力学性能质量问题

　　①搭接接头力学性能问题

　　原因分析：1）在装配过程中因为试板厚度与焊接垫板厚度的差异或试板平面度差将导致搭接界面间隙过大，在焊接后导致界面变形严重；2）选用搅拌针长度比薄板厚度过长或过短。

　　控制措施：1）根据检测厚度选用相应的焊接垫板，保证焊接垫板厚度与搭接面厚度差不大于 0.2 mm；2）选取搅拌针长度比被焊厚度大约 0.2 mm 的搅拌头。

②T 型接头力学性能问题

原因分析：主要原因为搅拌针长度与被焊材料的厚度不匹配，导致焊接界面在焊接过程中向焊缝内部进行延伸，缩小了焊缝承载的面积，致使焊接试样的机械性能不合格。对焊接试样进行金相分析，发现焊缝区域存在不同程度的压接线，该压接线的主要特征为压接线起始于搭接界面，沿界面向焊缝区域延伸，压接线长短、深浅不一，并且发生形变，压接线具体形貌如图 4-16 所示。

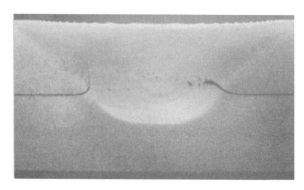

图 4-16　T 型接头界面压接线金相形貌

控制措施：根据上板的实际厚度，对搅拌针的长度进行调整，保证界面迁移高度。

4.4.1.6　舱段自支撑受力分析及优化设计

搅拌摩擦焊工艺由于焊接顶锻压力较大，背部需要刚性支撑以承受焊接压力，而对于封闭结构，无法采用内部整体刚性支撑工装结构型形式，同时，因对产品结构质量有较高的要求，需要根据产品结构特点，对自支撑刚性进行受力分析，对接头形式进行再设计，以适应搅拌摩擦焊焊接的需要。某零件承力结构模型如图 4-17 所示。

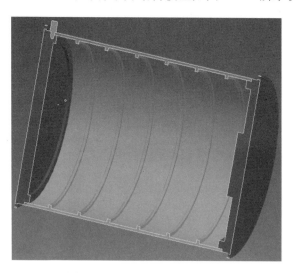

图 4-17　某零件承力结构模型

利用 Pro/E 三维建模及有限元分析方法对设计的舱段结构进行强度计算和分析，优化出最佳的自支撑结构形式，建立相应的结构设计准则。

将 3D 模型导入到有限元软件中，建立的有限元网格模型如图 4-18 所示，采用六面体主导块体单元，对搅拌头处进行网格细分处理。

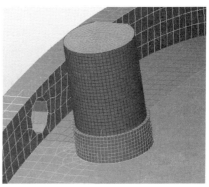

图 4-18　控制舱有限元网格模型

（1）边界条件

控制舱两端面采用全约束；载荷大小取值按照以前平板焊接压力经验值乘以安全系数 1.5，零件在载荷施加焊接过程中，由于处于匀速低速旋转，可以按静止状态计算分析。边界条件确定后，最终有限元模型如图 4-19 所示。

图 4-19　加边界条件后的有限元模型

（2）计算结果

通过改变自支撑结构搭接位置的支撑厚度和搭接面宽度得到不同的仿真分析应力、应变结果，最终优化出焊接稳定可靠、加工变形小、装配精度高的自支撑结构形式。该结构形式下的计算结果如下：

①应力云图

在控制舱整体受力情况下的应力云图如图 4 - 20 所示，应力比较大的地方全部集中在搅拌头附近，其他地方比较小，均不大于 50 MPa。

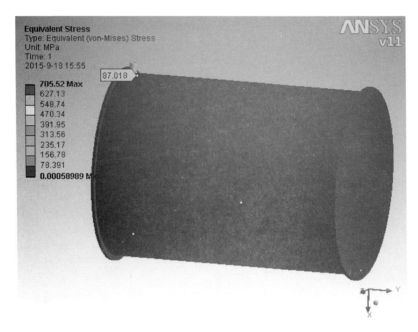

图 4 - 20　等效应力云图

根据实际经验，在搅拌摩擦焊焊接时，此处焊接对象处于破坏流动状态，可忽略。

②位移云图

控制舱受力后其总体位移云图如图 4 - 21 所示，最大位移为 0.37 mm，位于搅拌头上。但舱段的挠度极小，为 0.000 045 mm。

图 4 - 21　位移云图

（3）通过工艺试验对优化的自支撑结构进行验证

结合焊接工装优化和搅拌头结构优化对零件工艺试验件进行了焊接，并通过考核验证。

4.4.2　贮箱搅拌摩擦焊技术

4.4.2.1　搅拌摩擦焊贮箱结构特点及焊缝分类

贮箱是火箭的重要组成部分，其配置、尺寸和重量决定了火箭的重量、外形尺寸和飞行性能，一般储存液体燃料的贮箱分为承力贮箱和不承力贮箱两类。承力贮箱，指贮箱是火箭体的一部分，承担着轴向力的传递作用。在承力贮箱中，贮箱的侧蒙皮，同时也是火箭的承力外壳，经受着火箭在飞行及在地面时所承受的内部与外部作用力。不承力贮箱是指贮箱只是一个为了储存液体的容器，被固定在火箭的壳体上。作用在不承力贮箱上的力是内部的压力和相对来说不大的轴向力（拉力或压力，这取决于贮箱固定的方法）。运载火箭经常使用的是承力贮箱，这种贮箱可以减小火箭的重量，一般结构形式如图 4 - 22 所示。

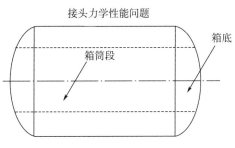

图 4 - 22　一般搅拌摩擦焊贮箱结构

（1）结构特点和焊缝分类

按照空间分布和结构特点，贮箱的结构焊缝主要分为纵缝、环缝及其他焊缝几类。

纵缝：箱筒段纵缝、瓜瓣纵缝和 Y 型材框纵缝；

环缝：筒段对接环缝、箱底环缝、箱底顶盖环缝、圆环-Y 型材框环缝、筒段-Y 型材框环缝和法兰环缝；

其他焊缝：点焊缝、角焊缝等。

其中，贮箱筒段纵缝、筒段对接环缝和箱底焊缝属于关键结构焊缝，需要选用最适当焊接工艺来保证结构焊缝所需的综合承载性能。

（2）结构焊缝承载分析和几何完整性要求

推进剂贮箱有加注准备发射阶段和空间飞行阶段两个受载状态。对于液氧/液氢贮箱而言，由于需要深冷绝热结构包覆，为保证良好的深冷绝热效果（即绝热结构和贮箱外壁紧密贴合粘结），对液氧贮箱的几何形位制造精度控制更加严格，要求贮箱焊接完成后不得出现"凹塘"等几何失稳缺陷。

①纵缝

无论是在加注准备发射阶段，还是在空间飞行阶段，推进剂贮箱纵缝总是承受拉应力。对焊接质量和形位制造精度的要求为：接头强度系数高，焊缝质量优异，缺陷允许的尺寸小（近无缺陷焊接），焊接残余应力和变形低，对母线直线度要求严格，以保证形位尺寸精度和后续的总体装配。

②环缝

在加注准备发射阶段和匀速飞行阶段，由于贮箱的增压作用，贮箱环缝承受一定的拉应力。其中，筒段环缝承受的拉应力为筒段纵缝的一半；由于箱底结构为椭球面，箱底环缝和顶盖环缝为双向受力状态，且属于高值的拉应力区域，因此其受载为高值的双向拉伸应力。而在发射加速飞行阶段，由于发动机加速推进，上述环缝承受的拉应力有所降低。同时，由于箱底属于薄壁壳体结构，装配难度高，不可避免存在不同程度的强迫装配。对焊接质量的要求为：接头强度系数高，近无缺陷焊接，焊接残余应力和变形越小越好，接头的塑韧性优异。对于除箱底环缝以外的环缝，其承受的拉应力仅为筒段纵缝的一半，且为单向应力状态。对焊接质量和形位制造精度的要求为：接头强度系数高，近无缺陷焊接，焊接残余应力和变形小，焊接效率高。对比筒段纵缝和筒段环缝的焊接质量及几何完整性要求，可以看到筒段环缝对焊接接头塑性的要求要低于筒段纵缝和箱底焊缝。因此，箱筒段环缝可以选用高能束的焊接工艺施焊，但箱底焊缝和筒段纵缝不宜选用高能束焊接工艺施焊。

③焊接工艺选用

1）选用依据。

推进剂贮箱焊接工艺的选用一般从以下几个方面来考虑：

·结构焊缝的承载状态；

·根据接头应力状态确定对接头强度、韧性、残余应力与变形的要求；

·贮箱为压力容器类焊接结构，对焊缝内部质量和外观质量的要求依次是近无缺陷、成形美观一致、接头塑韧性好、接头强度高、低应力和近无变形；

·装配焊接简单，可靠、可达性好，工艺稳定性好。

2）几种焊接工艺对比。

表 4-2 综合对比了方波 TIG、VPTIG、VPPA 和 FSW 四种焊接工艺的接头性能和工艺特性。

表 4-2　同种贮箱结构材料方波 TIG、VPTIG、VPPA 和 FSW 焊接工艺对比

序号	对比项目	方波 TIG	VPTIG	VPPA	FSW
1	接头强度系数	低	一般	高	最高
2	接头延伸率	高	较高	一般	最高
3	接头组织	铸造	铸造	铸造	锻造
4	气孔等缺陷发生率	较高	高	极低	无
5	接头残余应力	较高	高	低	最低

续表

序号	对比项目	方波 TIG	VPTIG	VPPA	FSW
6	焊接热输入	最大	大	小	最小
7	焊缝层数	多层焊	多层焊	单道焊	单道焊
8	工艺柔性	优	优	良	一般
9	装焊要求	低	低	高	高
10	工艺窗口	宽	宽	一般	最宽
11	焊接效率	低	低	高	高
12	环境控制要求	温/湿度控制严格	温/湿度控制严格	不需要	不需要

3) 贮箱纵缝和环缝焊接工艺方案。

综合以上因素,对于筒段纵缝和箱底焊缝,由于其装配可达性较好,因此一般选用搅拌摩擦焊工艺施焊。对于筒段环缝,由于装夹存在一定难度,常选用工艺柔性好、焊接工装简单的变极性等离子焊工艺施焊,可以有效降低装焊难度,确保焊缝质量。

对于贮箱上的其他焊缝如法兰焊缝、锁底焊缝等,实现变极性等离子弧焊和搅拌摩擦焊非常困难,而采用 VPTIG 焊则工艺非常简单,所以这类焊缝首选 VPTIG 焊工艺。

4.4.2.2　国外贮箱结构搅拌摩擦焊应用

自运载火箭诞生以来,国外推进剂贮箱的结构材料已从第 1 代铝镁合金、第 2 代铝铜合金发展到第 3 代铝锂合金。其发展趋势是材料的比强度越来越高,但其熔焊的焊接性总体呈下降趋势。贮箱的焊接工艺由最初的 TIG 焊、电子束焊发展到变极性 TIG 焊/变极性等离子弧焊和搅拌摩擦焊,见表 4 - 3。

表 4 - 3　国外推进剂贮箱结构材料与焊接工艺

结构材料	抗拉强度级别/MPa	焊接工艺
铝镁合金(5086、AMF6)	300(O 状态)	TIG
铝铜合金(2A14、2219)	450(T6/T62 状态)	TIG/VPTIG/VPPA/FSW
铝锂合金(1460、2195)	700(T8 状态)	TIG/VPTIG/VPPA/FSW

（1）波音公司贮箱搅拌摩擦焊应用

1997 年,波音公司就和 TWI 合作,对运载火箭上使用的材料和筒形结构件进行了系统的搅拌摩擦焊方法及技术研究。

TWI 为波音公司研制了两个全搅拌摩擦焊制造的运载火箭燃料贮箱筒形缩比件,筒形缩比件的筒体由 6 mm 厚的 2A14 - T6 铝合金材料制成,端盖是 2219 - T87 铝合金材料,其中圆柱筒体由两道对接搅拌摩擦焊焊缝制造,筒体和端盖由相隔 50 mm 的两道搭接搅拌摩擦焊焊缝制造,搅拌摩擦焊整体缩比筒形结构件如图 4 - 23 所示。

缩比筒形件进行了液压循环和爆破试验,研究表明 2A14 - T6 铝合金筒体液压爆破试验在搅拌摩擦焊焊缝的焊核区域与热影响区之间韧性断裂;爆破压力与搅拌摩擦焊横向拉伸试验的绝对拉伸指标相符;在爆破以前试验筒体经历了 40 次 315PSI 的载荷循环,没有

图 4 - 23　TWI 制造的全搅拌摩擦焊缩比筒形结构件

泄漏及其他任何问题。总之，试验说明搅拌摩擦焊可以以高质量的接头实现航天筒体结构件的制造，这次试验在航天结构制造史上具有里程碑的作用。

　　波音公司将搅拌摩擦焊应用在 Delta Ⅱ 型运载火箭中间舱段的连接制造，并于 1999 年8 月成功发射升空。2001 年 4 月火星奥德赛航天器由 Delta Ⅱ 型火箭发射升空，搅拌摩擦焊制造技术首次在压力结构件上得到使用，图 4 - 24 示出了 Delta Ⅱ 和 Ⅲ 型运载火箭手段厚度为 22.22 mm 的铝合金筒体化铣壁板的搅拌摩擦焊，Delta Ⅱ 型火箭的成功发射证明了火箭上使用的三个燃料筒体的搅拌摩擦焊接头强度和质量。

图 4 - 24　搅拌摩擦焊制造的燃料贮箱筒体化铣壁板

搅拌摩擦焊技术在 Delta Ⅳ 型运载火箭中心助推器上的应用使焊缝接头强度增加了 30%～50%，制造周期降低了大约 80%，通过改进接头设计，Delta Ⅳ 和 Delta Ⅱ 的制造经费节省了 60%，生产周期由原来的 23 天减少为 6 天，这些焊接接头可以在 −195 ℃～ +183 ℃ 的温度范围内使用，图 4 - 25 所示为波音公司 42m 长的火箭核心助推器的液氢、液氧燃料筒体的搅拌摩擦焊焊接制造设备。

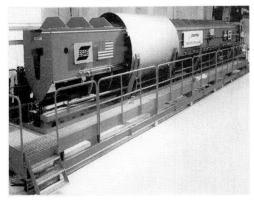 

(a) Delta Ⅱ、Ⅲ 型火箭贮箱 FSW 装备　　　　　(b) Delta Ⅳ 型火箭贮箱 FSW 装备

图 4 - 25　波音公司火箭贮箱 FSW 装备

2001 年，Delta Ⅳ 型运载火箭贮箱的全部纵缝也采用了搅拌摩擦焊焊接工艺，同时开展了贮箱筒段环峰的搅拌摩擦焊研究。到目前为止，波音公司采用搅拌摩擦焊方法焊接了多个型号航天运载器贮箱，焊缝长度超过几千米，未发现任何缺陷。搅拌摩擦焊焊接的应用为波音公司节约了大量的成本和周期，接头强度也提高了 20%～30%，所有这些都极大地提高了波音公司在火箭发射市场上的竞争力。

（2）洛克希德·马丁公司飞机外贮箱搅拌摩擦焊应用

洛克希德·马丁公司也积极开展搅拌摩擦焊接在航天飞机外贮箱上的应用研究，以提高产品焊接质量，目前已经采用 FSW 焊接完成 2195 铝锂合金的航天飞机外贮箱生产。如图 4 - 26 所示，该贮箱直径为 8.4 m，长达 47 m。

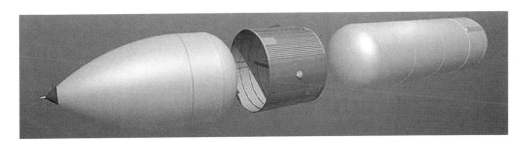

图 4 - 26　采用搅拌摩擦焊方法焊接的航天飞机外贮箱

（3）H - 2B 火箭贮箱搅拌摩擦焊应用

H - 2B 火箭是由日本宇宙航空研究开发机构（JAXA）和三菱重工在现役火箭 H - 2A

的基础上于 2004 年共同开发的一种新型运载火箭。H-2B 火箭直径 5 m，长 56 m，第一级使用了两台 LE-7A 发动机（H-2A 第一级只使用一台发动机），火箭运载能力是 H-2A 的 2 倍，将主要用于发射向国际空间站运送货物的转移飞行器（HTV），同时实现发射双星的目标。为了提高 H-2B 火箭的可靠性，三菱重工在燃料箱的生产上采用了两种搅拌摩擦焊焊接技术和大型燃料箱底整体旋压成形工艺。

推进剂贮箱要充入超低温推进剂（-253 ℃的液氢，-183 ℃的液氧），并进行加压，同时要求能够承受飞行中、瞬间起飞时的空气冲击力及自重载荷。第一级贮箱直径5.2 m，其中液氧箱长约 7 m，液氢箱长约 20 m，共搭载 170 t 推进剂。贮箱的主结构由铝合金板材制成，先将带有加强筋（整体加工）的弯板沿轴向（纵缝）焊接好，再将贮箱和旋压成形的箱底（封头）沿圆周方向（环缝）焊接而成，贮箱焊接位置关系如图 4-27 所示。

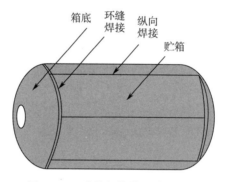

图 4-27　贮箱焊接位置关系示意

火箭贮箱之前采用的是钨极氩弧焊（TIG），由于焊接铝合金材料预处理时间长，焊接施工难度大，难以保证高质量，采用搅拌摩擦焊则可以提高工艺稳定性，图 4-28、图 4-29 所示为产品纵缝及环缝焊接接头。如果用于环缝焊接，垫板要设计在贮箱里面，焊接结束后撤出箱外。日本三菱重工采用了双轴肩搅拌头进行火箭贮箱环缝焊接，通过内力使连接负荷保持平衡，实现了背部无垫板搅拌摩擦焊连接。最终产品实物如图 4-30 所示。

图 4-28　FSW 环缝焊接

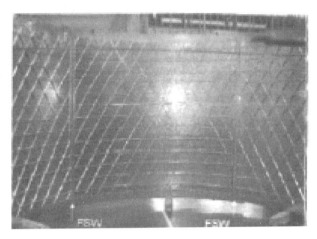

图 4 - 29　FSW 纵向焊缝

图 4 - 30　H - 2B 火箭推进剂贮箱

（4）贮箱搅拌摩擦焊系统集成

2014 年 9 月 12 日，美国国家航空航天局（NASA）宣布，世界上最大的焊接设备"垂直集成中心"在马歇尔航天飞行中心的米丘德总装厂正式投入使用。这标志着由六大搅拌摩擦焊设备组成的用于制造新型、重型运载火箭"航天发射系统"（SLS）第一级推进剂贮箱的先进"焊接装备库"全面建设完成。

SLS 用于执行载人小行星探测和载人火星探测等深空探索任务，是迄今人类研制的运载能力最强大的运载火箭，预期在 2025 年和 2030 年前后，分别实现近地轨道运载能力 105 t 和 130 t 两种构型的首飞。

SLS 第一级主要由液氢贮箱、液氧贮箱和 4 台 RS - 25 液氢/液氧火箭发动机组成，直径为 8.42 m、高度超过 61 m、干重约 85.3 t，是目前最大的运载火箭结构部件。其结构采用 2219 铝合金材料，以降低生产成本，提高 SLS 起飞和入轨时的应力承受能力。

美国和欧洲等国现役主力大型运载火箭箭体均采用大直径设计。如美国德尔它-Ⅳ型火箭第一级箭体即贮箱直径 5.08 m，欧洲阿里安-5ECA 贮箱直径 6.46 m。SLS 第一级贮箱直径达到史无前例的 8.46 m，对于实现 70～130 t 近地轨道运载能力至关重要。

焊接装备是制造大直径贮箱的核心装备。为建造与巨大的第一级结构相适应的大型焊接装备，主承包商波音公司面临前所未有的挑战：所建装备要能支撑起庞大的第一级结构；要经济可承受，尽最大可能使用和改良现有设备、工艺和材料；要安全可靠、绿色环保；要具备可扩展性和可持续性，以满足 SLS 三种构型的需要。

NASA 在应用搅拌摩擦焊技术制造贮箱领域属于全球领先，并能通过该技术显著降低制造成本、提高可靠性、生成具有良好力学性能的焊接件，与 SLS 项目组安全、可靠、可持续的要求相一致。同时，硬铝铜合金结构材料的选择也使得搅拌摩擦焊技术成为"焊接装备库"工艺的必然选择。

搅拌摩擦焊技术在德尔它-Ⅱ、德尔它-Ⅳ火箭铝合金贮箱和航天飞机外贮箱制造中的应用已比较成熟。20 世纪 90 年代中期，NASA 马歇尔太空飞行中心将新发明的搅拌摩擦焊工艺应用于航天飞机铝锂合金贮箱建造，2009 年，这个首次应用搅拌摩擦焊工艺制成的贮箱完成了飞行使命。此后，NASA 又研发出多台搅拌摩擦焊设备和先进的工艺流程来增强航天器部件的焊接制造性能，积累了丰富经验。

为成功实施 SLS 第一级项目，NASA、波音公司和相关分承包商等联合设计建造了六套大型自动化搅拌摩擦焊装备，组成先进的焊接装备库，包括：垂直焊接中心（VWC）、分段环形焊接装备（SRT）、圆顶焊接装备（CDWT）、戈尔（GORE）焊接工具（GWT）、增强的自动化焊接装备（ERWT）和垂直集成中心，以上六大装备构成了用于制造重型运载火箭航天发射系统（SLS）第一级推进剂贮箱的先进搅拌摩擦焊装备库，大型自动化搅拌摩擦焊装备库示意图如图 4-31 所示。其中：

1）垂直焊接中心用于焊接制造液氢/液氧贮箱筒型结构、箱间段、芯一级尾部发动机段以及芯一级前部裙段。垂直焊接中心约三层楼高，重达 150 t，可对各个圆筒面板进行搅拌摩擦焊，形成整个圆筒结构，并实现液氢/液氧贮箱圆筒结构、箱间段、第一级尾部发动机段以及第一级前部裙段的焊接制造。所焊接圆筒面板高达 6.7 m、重约 4.1 t。

2）分段环形焊接设备用于焊接制造连接贮箱圆形封头与筒形箱体、增强贮箱刚度的连接环箍结构。分段环形焊接设备基于搅拌摩擦焊工艺，焊接制造 SLS 第一级连接环箍结构，所形成的结构用来实现筒形箱体与筒形箱体之间以及圆形封头与筒形箱体之间的连接，并增强贮箱刚度。

3）圆顶焊接设备、戈尔焊接工具和增强的自动化焊接设备用于焊接制造贮箱圆形封头及其部件。其中：

· 圆顶焊接设备为液氢/液氧贮箱圆形封头装配提供整个圆周方向上的搅拌摩擦焊。

· 戈尔焊接工具为液氢/液氧贮箱的 12 个戈尔提供垂直方向的搅拌摩擦焊。戈尔指的是曲面弧形、饼状、预成形的铝合金圆形封头分片，这些分片焊接在一起形成圆形封头。

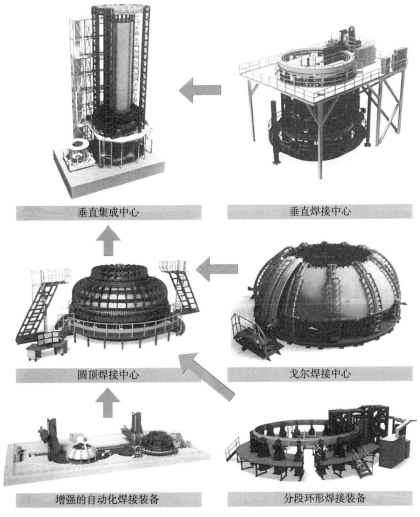

图 4 - 31 大型自动化搅拌摩擦焊装备库

·增强的自动化焊接设备是针对圆顶焊接设备和戈尔焊接工具开发的增强自动化焊接设备，可实现圆形封头的快速焊接，圆顶焊接设备和戈尔焊接工具集成在已改造的"自动化焊接工具（RWT）"上共同焊接制造圆形封头组件，这些设备一旦贯通运行，将形成焊接生产线，称为增强的自动化焊接设备。

4）垂直集成中心用于实现各种大型部件的装配集成。能在支撑巨大的火箭推进剂贮箱的同时，通过搅拌摩擦焊工艺将贮箱封头、筒体、裙部和发动机段等结构焊接装配在一起，完成第一级贮箱结构的装配制造，并可对完成的焊接件进行无损检测。垂直集成中心具备用先进搅拌摩擦焊工艺焊制前所未有高度、直径、厚度、重量的焊件能力。垂直集成中心高 51.8 m、宽 23.8 m，是一个巨型轨道焊接系统，所承担的制造任务是整个 SLS 第一级装配中精度要求最高的部分。垂直集成中心的成功建造，开创了基于焊接设备进行焊接件质量检验的先河，从而保证用于 2017 年首飞的"飞行件"与设计结果的一致性。

SLS 第一级焊接装备库建造项目由 NASA 马歇尔太空飞行中心负责，波音公司作为 SLS 第一级主承包商，承担着焊接装备库的建造工作。2012—2014 年，NASA、波音公司以及其他相关分承包商等成功实施了六套大型搅拌摩擦焊设备的设计、开发、制造、集成等工作。其中，2013 年 2 月，完成分段环形焊接设备建造并投入使用；2013 年 6 月，完成戈尔焊接工具、增强的自动化焊接设备、圆顶焊接设备、垂直焊接中心的建造并投入使用；2014 年 9 月，垂直集成中心投入使用，标志着由六套大型搅拌摩擦焊设备组成的 SLS 第一级焊接装备库已全面建成。

在实施路线上，NASA 和波音公司结合 SLS 第一级贮箱的焊接制造、集成装配的业务流程制订了以下实施步骤：首先，开展分段环形焊接设备、戈尔焊接工具、增强的自动化焊接设备的建造工作，增强的自动化焊接设备可在圆顶焊接设备下旋转；其次，结合增强的自动化焊接设备和戈尔焊接工具的特点开展圆顶焊接设备的设计和制造，以便共同完成圆形封头及相关部件的焊接；再次，实施垂直焊接中心这个巨型设备的设计和制造；最后，完成垂直集成中心这个迄今为止最大的焊接设备的设计和制造工作，进而实现整个液氢/液氧贮箱各大部件的集成装配与质量检测。

SLS 第一级液氢/液氧贮箱各由五个相似的圆筒结构和两个圆形封头构建而成。在米丘德总装厂，为成功实施第一级制造，除垂直集成中心之外的五大自动化焊接设备已全面开展工作，运行良好。NASA 和波音公司已通过圆顶焊接设备完成两个铝合金液氧贮箱圆形封头的焊接制造（2013 年 12 月、2014 年 2 月）；通过增强的自动化焊接设备，完成液氧贮箱的两个圆形封头"测试件"与 Y 形圈的焊接制造（2014 年 3 月）；通过分段环形焊接设备完成所有用于首次飞行的连接环箍的焊接制造；通过垂直焊接中心完成 10 个圆筒结构及相关部件的焊接建造（2014 年 8 月）。

所焊接制造的液氧贮箱圆形封头为"测试件"，液氢/液氧贮箱各有两个同该"测试件"相似的圆形封头，"测试件"主要用来为应用于 2017 年首次飞行的圆形封头研发检测技术，并将在垂直集成中心上进行无损检测。

截至目前，首先完成焊接制造的连接环箍和圆筒结构已安装在垂直集成中心上，为下一步焊接集成工作做好了准备。

美国 NASA 搅拌摩擦焊装备库的成功建造及相关工艺流程的突破，是 NASA 新型重型运载火箭 SLS 项目的重要里程碑，是世界极端制造术进步的一个范例。

4.4.2.3　国内贮箱结构搅拌摩擦焊应用

与国外先进航天技术相比，我国现役长征运载火箭在"三化"（通用化、系列化、组合化）、运载能力、可靠性与安全性、发射周期与适应性等方面存在很大差距，尤其在箭体结构材料和制造工艺方面差距明显，很难满足 21 世纪空间运输的发展需求。因此，我国明确提出了研制新型大推力、高可靠、低成本运载火箭的目标，以跟上国际运载技术的发展步伐，确保我国空间技术的竞争优势。新型运载火箭的发展思路为"一个系列、两种发动机、三个模块"，并对箭体结构提出"高可靠、低成本、快速制造"的研制要求。

目前，我国运载火箭推进剂贮箱的结构材料主要是第 2 代的 2A14、2219 铝铜合金。

其中，2A14 铝合金作为贮箱结构材料使用至今已近 30 年，而 2219 铝铜合金则刚被确定为我国新型运载火箭推进剂贮箱的结构材料。随着推进剂贮箱结构材料的更新换代，其焊接工艺也获得了长足的发展，由贮箱结构材料和焊接工艺的不同带来明显的工艺焊接性差异。例如对于 2A14 铝合金，搅拌摩擦焊的焊接性要优于 TIG 焊和 VPPA 焊接工艺，搅拌摩擦焊工艺对于不同的贮箱结构材料均具有良好的工艺焊接性。

箭体结构材料采用 2219 高强铝合金，因对其材料提出高可靠性要求，对箭体结构的制造技术提出了一系列挑战。与原先采用的 2A14 铝合金相比，2219 铝合金的焊接性和断裂韧性显著改善，但其常规熔焊的气孔发生率高，成为贮箱高质量焊接的技术瓶颈；新型运载火箭采用液氧/煤油、液氧/液氢推进剂，其贮箱属于低温推进剂贮箱，除了要求具备优异的低温抗断性能和气密性能外，大尺寸低温贮箱需要采用绝热包敷层，对低温贮箱的制造精度和焊接变形控制提出严格要求，保形制造成为贮箱高质量焊接的关键制约条件，为满足我国未来航天器密集发射需求和 21 世纪环保发展要求，新型运载火箭的生产当量有较大提高，要求贮箱的焊接工艺必须具有鲜明的绿色、快速制造等特点。

国内对贮箱进行搅拌摩擦焊应用的主要单位为上海航天设备总厂（149 厂）、首都航天机械公司（211 厂）及北京航空制造工程研究所（625 所），主要焊接产品直径为 ϕ3350 及 ϕ5000 的贮箱。一般采用搅拌摩擦焊实现箱筒体纵缝的焊接成形、箱体瓜瓣焊缝的搅拌摩擦焊成形及箱体与箱筒体的搅拌摩擦焊环缝连接。

（1）筒段纵缝搅拌摩擦焊

采用自主研制的纵缝立式搅拌摩擦焊机、定型的长寿命典型厚度搅拌工具和优化的工艺参数，完成了贮箱筒段纵缝的搅拌摩擦焊。焊缝外观成形均匀美观，表面光滑，基本无需后续表面加工。采用 X 射线、表面着色检验了焊缝的内/外部质量。结果表明，焊缝内部无任何缺陷、表面无裂纹。

（2）箱底焊缝搅拌摩擦焊

2008 年 2 月，中国航天科技集团公司第八研究院（航天八院）149 厂应用箱底搅拌摩擦焊设备首次成功研制了我国第一个 2219 铝合金 ϕ3350 推进剂贮箱箱底，第一次实现箱底瓜瓣纵缝（图 4-32）和 ϕ1380 环缝的数控搅拌摩擦焊焊接，并顺利通过液压强度试验和气密试验。经外观和内部质量检查，焊接质量全部达到设计标准。

图 4-32　我国第一次实现搅拌摩擦焊焊接贮箱箱底

（3）贮箱整箱试验考核

根据贮箱整箱性能试验考核要求，应用搅拌摩擦焊焊接工艺研制了 2219 铝合金 $\phi3350$ 推进剂贮箱，用于动力系统冷流试验的循环预冷贮箱，如图 4-33 所示，均顺利通过液压强度、气密试验、尺寸测量、强度和气密的性能考核。试验结果表明，应用搅拌摩擦焊工艺研制的新型运载贮箱以及搅拌摩擦焊箱底的焊接质量、几何制造精度均得到跨越式的提升，图 4-34 所示为利用搅拌摩擦焊焊接的现役运载火箭 $\phi3350$ 贮箱。

图 4-33　综合应用 VPTIG/VPPA/FSW　　　　图 4-34　现役运载火箭 $\phi3350$ 贮箱
焊接的循环预冷贮箱

211 厂为验证搅拌摩擦焊技术在航天器贮箱上的技术可行性，采用 2219 铝合金和搅拌摩擦焊技术制造了 $\phi3350$ 筒段和 $\phi5000$ 的试验箱，其中纵缝采用搅拌摩擦焊进行焊接，经过液压试验，所焊接的试验件一次合格，焊缝成形美观，无焊接缺陷，液压试验和气密试验合格，满足设计要求。深化了搅拌摩擦焊工艺工程化的研究，验证了搅拌摩擦焊技术在航天器上的可行性，具体焊接过程如下。

①焊接设备

$\phi5\,000\,mm$ 筒段搅拌摩擦焊焊接采用的是焊接专有设备，该设备采用卧式结构，从贮箱内部焊接纵缝。利用气动压紧系统进行零件固定，并采用定位销实现定位。同时使用专用压块和卡块压紧对接缝，以防止搅拌过程中将零件撑开。搅拌头前后两侧安装有视频监视系统用于监控焊接过程。

②焊前准备

在焊接筒段之前，采用前期研究确定了的工艺参数试焊了两对平板，焊后测其拉伸强度达到 340 MPa，一切调试好以后，准备焊接。试验采用 2219 铝合金，滚弯成 4 个 ϕ5 000 mm 的弧度，然后装配到焊接工装上：根据前期的试验结果和推荐的措施，筒段壁板在焊接前只需要经过表面去除油污（酸洗），并确保对接缝处平整，但要求对接缝隙不超过 0.3 mm，准备就绪后开始进行装配和焊接。

③用搅拌摩擦焊焊接筒段纵缝

准备工作完毕后，进行筒段试验件的装配工作。针对对接面的贴合间隙、板厚差、搅拌头偏移等问题，试验前对对接面预铣切，然后使用定位销将留有加工余量的壁板装配至加工位置进行压紧，然后进行第一条纵缝焊接，焊接完成后，将零件拆下，依次进行后三道纵缝的装配及焊接工作，如图 4 - 35 所示。

图 4 - 35　搅拌摩擦焊焊接纵缝工装

焊接过程中要控制搅拌头的下压量，使其保持一致，并且确保焊缝两头的对接缝要保持贴合，不露间隙，进而确保焊缝质量。焊后的筒段如图 4 - 36 所示。

采用搅拌摩擦焊技术进行了 8.5 mm 厚试验贮箱壳段纵缝的焊接。试验贮箱如图 4 - 37 所示，该贮箱包括 2 个中间筒段和 2 个短壳，每个壳段由 4 块壁板组焊而成，所有 12 条壳段纵缝均采用搅拌摩擦焊技术进行焊接。12 条焊缝经 X 射线和相控阵超声波检测结果合格，符合技术条件要求。

该试验贮箱经过液压试验、氦质谱检漏试验考核，试验结果显示搅拌摩擦焊焊缝完全满足设计要求。

图 4 - 36　FSW 焊接 ϕ5 m 贮箱壳段

图 4 - 37　FSW 焊接的试验贮箱

　　北京航空制造工程研究所于"十五"期间重点对航天运载火箭箭体结构搅拌摩擦焊进行了研究开发，图 4 - 38（a）所示为 2004 年中国搅拌摩擦焊中心焊接的铝合金燃料贮箱筒段模拟验证件，图 4 - 37（b）所示为 2008 年中国搅拌摩擦焊中心与国内某单位合作研制的燃料贮箱箱底模拟结构件，并且均通过燃料贮箱压力测试，满足了设计和使用要求。

(a) 筒段　　　　　　　　　　　　　　　(b) 箱底

图 4 - 38　搅拌摩擦焊燃料贮箱模拟结构件

在国内，搅拌摩擦焊作为推进剂贮箱的一项关键制造工艺，正在深入进行工程化应用研究。搅拌摩擦焊在航天工业上的应用和推广，可以提高中国航天运载工具及导弹类产品的性能和生产效率，为国防、载人航天及探月工程等做出贡献。

第5章 铝合金搅拌摩擦焊新技术

5.1 概述

搅拌摩擦焊技术发展方兴未艾，搅拌摩擦焊技术和工程应用成果数不胜数，为满足特定铝合金产品结构的焊接需求，研究工作者孜孜以求，不断探索，在传统焊接技术的基础上相继研究和开发了一系列新的搅拌摩擦焊技术及配套的搅拌头结构、设备及工装，如塑流摩擦焊、静轴肩搅拌摩擦焊、双轴肩摩擦焊等，这些搅拌摩擦焊新技术已在工业产品制造中得到应用。

5.2 铝合金塑流摩擦焊技术

目前，在航空航天产品中，搅拌摩擦焊要"以焊代铆"，实现降低产品制造成本及提高产品生产效率和结构完整性，还存在一定的挑战性。尤其是在飞机薄壁结构制造中，如0.5～2.5 mm 厚的飞机蒙皮结构，普遍搅拌摩擦焊需要具有很高的工艺控制精度和很好的工艺自适应性调节功能，并且在搭接焊时，在避免产生界面畸变和减薄的同时，还要保持焊缝质量和接头完整性是非常困难的。

对于薄壁铝合金结构，如果只利用焊接工具的轴肩和工件表面进行摩擦就能实现焊接，就可以大幅度降低类似结构的焊接难度。早在 2004 年，国内马宗义博士及韩国 Park 等人也提出了利用搅拌摩擦焊在材料表面摩擦焊改性的方法。2009 年，中国搅拌摩擦焊中心研究人员利用无针搅拌头对飞机薄壁结构焊接"匙孔"填补时，获得良好焊接接头，对无针搅拌摩擦焊技术进行了研究开发，首先在国内以"塑流摩擦焊技术"申请了新型焊接方法专利。2010 年日本 Tozakin 等人也对这种新型搅拌摩擦焊技术进行了研究，取得较好结果。

普通搅拌摩擦焊是利用一个特殊设计的带针搅拌头，以一定倾角旋转地插入焊接界面，通过搅拌头对材料的摩擦、搅拌和顶锻作用，形成固相接头，塑流摩擦焊是利用一个特殊设计无针的焊接工具，通过工具端头和工件表面沿垂直方向高速局部顶锻摩擦，使热塑化材料在接头区域形成剧烈塑性流变，从而消除焊接界面，形成扩散接头。典型的塑流摩擦焊工具示意图如图 5-1 所示。

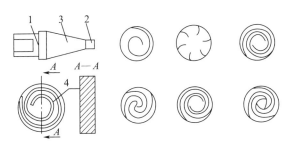

图 5-1　典型的塑流摩擦焊工具示意图

1—夹持柄；2—工具体；3—焊接肩头；4—塑流沟槽

5.3　铝合金静轴肩搅拌摩擦焊技术

英国焊接研究所（TWI）在传统的搅拌摩擦焊接的基础上，发明了一种新的搅拌摩擦焊接方法——静轴肩搅拌摩擦焊，有效地解决了厚板铝合金焊接时，由于试样厚度方向上的热梯度不均匀而带来的接头组织和性能恶化的问题，实现了接头的高质量连接。

静轴肩搅拌摩擦焊，是在搅拌摩擦焊技术的基础上发展起来的一种新的焊接技术，相对于传统的搅拌摩擦焊，它在厚板铝合金的焊接，低熔点材料的焊接，角焊缝的焊接上具有明显的优势，并具有广大的市场空间和应用前景。

FSW 中，轴肩与被焊接材料之间的摩擦是主要的产热方式，使得需要较大的轴向力才能产生足够的热并保证良好的焊缝成形，设备和夹具都需具有足够的刚度以保证工件的牢固装夹。同时，焊接过程中主轴扭矩和前进阻力都较大，因而电机功率较大，对设备要求较高。为此，美国 NASA 提出了高旋转频率搅拌摩擦焊（HRS - FSW），但焊接过程不稳定，飞边缺陷严重，因此提出静止轴肩搅拌摩擦焊（SSFSW）加以改善。此外，TWI 在焊接钛合金时，也提出采用 SSFSW 解决由于钛合金热导率较低导致在板厚方向存在较大的温度梯度而影响接头性能的问题。目前，已进行了高旋转频率、常规旋转频率以及角焊缝的 SSFSW 研究。SSFSW 是一种新型的 FSW 技术，在焊接过程中，内部搅拌针处于旋转状态，而外部轴肩不转动，仅沿焊接方向行进，通过搅拌针与工件的摩擦产生热量，实现工件的连接。静止轴肩的存在是为了抑制塑化金属从转动的搅拌针两侧挤出，减小飞边量，防止孔洞缺陷；同时，焊缝与母材等高，防止了焊缝减薄使接头性能降低。

为了降低 FSW 过程中的力和扭矩，采用了高旋转频率的搅拌摩擦焊，通过实验和模拟得出随主轴旋转频率的增加载荷显著降低，然而，随着焊接速度增加，飞边缺陷明显增加，而采用高旋转频率的静止轴肩搅拌摩擦焊，可以显著减小甚至消除焊缝中的孔洞缺陷，但在焊接过程中，转动的搅拌针与静止轴肩之间的间隙容易挤入塑化金属，增大搅拌头的磨损，并容易出现过热现象。

常规旋转频率的静止轴肩搅拌摩擦焊在焊接钛合金上取得了很好的效果，板材厚度方向组织均匀，静止轴肩的影响也很小，但对于铝合金的焊接，未能完全消除焊缝中的孔洞缺陷。

因常规 FSW 在角焊缝中搅拌头轴肩的旋转容易破坏两侧母材，因而在角焊缝中没有得到应用，但静止轴肩为角焊缝焊接提供了可能性。设计具有特定形状的静止轴肩与角焊缝形状完全吻合，使其在焊接过程中与角焊缝两侧的板材紧密接触，并且搅拌头沿着焊接方向前进，但并不转动。采用 SSFSW，成功实现了 8 mm 厚轧制 6082 - T6 铝合金板材 T 型接头角焊缝的焊接，也实现了异种铝合金 AA7075 - T6 和 AA2014 - T6 的 T 型接头角焊缝的焊接，获得良好的焊缝成形，并且变形很小。在 SSFSW 过程中，静止轴肩的横截面为直角三角形时，获得的角焊缝两板间的过渡角为直角，这会引起应力集中，从而影响接头的承载能力和疲劳寿命。为了改善接头形式从而提高接头性能，对搅拌头的静止轴肩进行改进，实现了角焊缝 SSFSW 的圆角成形技术，即 Corner Fillet SSFSW。为了保证焊缝成形时具有充足的填充材料，需要通过机械加工的方式在上侧的待焊板材上加工 45°的外倒角。同时，静止轴肩的前端与板材上加工的外倒角表面紧密贴合，而后端的轮廓为圆弧形，使得在焊接过程中提供一定的锻压力，可将塑化材料挤压形成圆角过渡的角焊缝成形。使用 SSFSW 的圆角成形技术实现 T 型接头焊接，焊前需要增加一道机械加工的工序，通过上板的外倒角材料提供充足的焊缝填充材料，这增加了工艺的复杂性。因此，Martin 等人借助熔焊中的填丝技术，提出了填丝 SSFSW，获得了良好的效果。

静轴肩搅拌摩擦焊是最近几年才出现的焊接技术，国内外对此项技术的研究还较少，大部分还处在试验室研究阶段，Dongxiao Li 等人采用了如图 5 - 2 所示的静止轴肩搅拌头焊接 T6 态的 5 mm 厚 AA6061 铝合金，得出了焊核的硬度随着旋转速度的提高而增加，且材料在热力影响区发生断裂，抗拉强度可以达到母材的 77.3%，如图 5 - 2 所示，当焊接速度不变且旋转速度增加时，材料的断裂位置会发生变化。2015 年先进焊接技术湖北省重点实验室与北京 625 所联合开展了铝合金平板对接和角焊缝静轴肩搅拌摩擦焊技术的研究和探索，取得了较好效果。

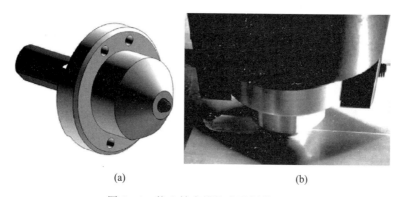

(a)　　　　　　　　　　　　　　(b)

图 5 - 2　静止轴肩搅拌头及焊接过程

5.4　铝合金搅拌摩擦焊点焊技术

对于飞机壁板结构的搅拌摩擦焊，一项新型的"搅拌摩擦焊点焊"（Friction Stir Spot Welding，FSSW）技术正在兴起，这是一种适合于飞机复杂结构制造和装配的新技术，将会对未来飞机铝合金结构制造和装配体系产生巨大影响。在传统焊接知识中，点焊主要指电阻压力点焊，其原理是利用大电流经过焊接界面形成的电阻热能使焊接界面局部熔化，在压力的作用下冷却凝固形成焊点接头。而搅拌摩擦点焊是利用搅拌头插入工件后在局部进行停留旋转摩擦一定时间后，不作横向移动，然后退出，在工件上形成点状搅拌摩擦焊接头。其原理是利用摩擦产热和搅拌头高速旋转所形成的塑性金属流动而形成焊点。搅拌摩擦点焊过程有旋转、插入、停留搅拌、退出等四个典型的阶段组成，焊接循环一般为 1～5 s，停留时间一般为 1～3 s，它是一种高效的搅拌摩擦焊方法。搅拌摩擦点焊与电阻压力点焊相比明显克服了电阻压力点焊缺点，搅拌摩擦点焊较电阻点焊电能消耗下降99%，并且不需要冷却剂、压缩空气以及电阻点焊必需的大浪涌电流，设备投资可下降40%以上，不需要进行焊前预处理，不会产生烟尘和飞溅。搅拌摩擦点焊是新型的绿色点焊技术。搅拌摩擦点焊自 2000 年问世以来，已经在汽车工业领域获得了工程化的应用，如日本马自达汽车有限公司已将搅拌摩擦点焊用在 Mazda RX - 8 型跑车的铝合金车体和车门的焊接上，日本的川崎重工业株式会社已经在汽车钢结构工件中规模化使用搅拌摩擦焊点焊技术。经过生产时间证明，搅拌摩擦点焊是一种既适合铝合金又适合钢合金等高熔点材料点状连接的新技术，搅拌摩擦点焊工具的寿命可以达到 100 万次以上，可以大幅度地提高生产效率、节约能源。美国先进材料加工中心（AMP）和波音公司也已经开始尝试在飞机等先进武器装备中使用搅拌摩擦焊点焊。其中对 F - 22 现役飞机的改进改型中采用搅拌摩擦点焊可以在机翼结构中减重 17.5%，并且还可以提高生产效率和降低制造成本。尤其是在飞机带筋壁板的搭接结构中，搅拌摩擦点焊不穿透搭接结构的下板，不损伤飞机外表面的包铝层，可以提高飞机的整体性和防腐蚀能力。在性能方面美国空军研究中心认为搅拌摩擦点焊的特点决定了该技术在搭接结构连接上的优势明显。该中心研究了飞机带筋壁板搅拌摩擦点焊、搅拌摩擦焊和铆接结构的性能对比，结构形式为 2024 - T3 和 7075 - T6 搭接结构。试验证明，搅拌摩擦焊和搅拌摩擦点焊剪切性能均优于传统飞机铆接结构，并且抗损伤能力大幅度提高。在相同的外载下，搅拌摩擦点焊肋板与搅拌摩擦搭接焊肋板焊接接头产生的位移相同，并且搅拌摩擦点焊结构最大承载能力优于搅拌摩擦搭接焊结构。

　　Y. Uematsu 等使用一种双层复合运动的搅拌头成功实现了无匙孔的搅拌摩擦点焊。通过控制里层搅拌针与外层圆环状轴肩的精确相对运动，使受热塑化后的金属重新填充了搅拌针插入焊件时留下的孔洞，在增加了焊点的有效面积同时提高了无匙孔焊点 30% 的抗拉强度。图 5 - 3 所示为无匙孔搅拌摩擦点焊焊接过程。

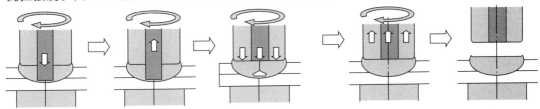

图 5 - 3　无匙孔搅拌摩擦点焊焊接过程

　　德国 GKSS 研究中心于 1999 年发明的搅拌摩擦点焊也是一种无退出孔的搅拌摩擦点焊。这种无孔搅拌摩擦点焊搅拌头的结构较为复杂：由探针、袖筒及夹套三个部件组成。焊接时夹套不发生旋转，在顶锻力的作用下将工件夹紧，在焊接程序的精确控制下，探针和袖筒沿轴线方向上下相对运动，塑化的金属由于夹套的存在而不能溢出，最后在搅拌头回撤时填充在焊接过程中形成的退出孔。采用该方法获得的焊点平整、美观，没有凹孔，如图 5-4 所示。图 5-5 为德国 GKSS 中心研发的搅拌摩擦点焊焊接填充过程示意图。

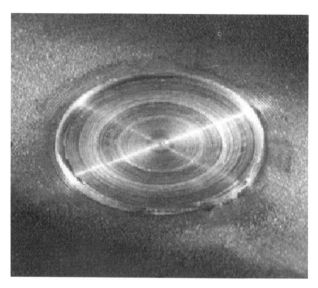

图 5-4　填充式搅拌摩擦点焊焊点外观形貌

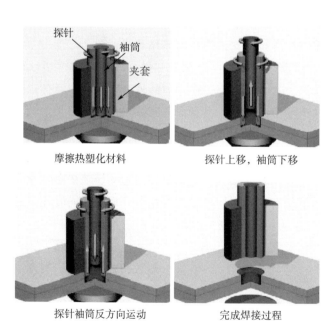

图 5-5　搅拌摩擦点焊焊接填充过程

第6章 铝合金材料搅拌摩擦焊工艺参数工具软件

6.1 概述

铝合金材料搅拌摩擦焊作为一项新型连接制造技术，工艺专家通过理论研究和大量的实物试验，总结了大量的经验规律和工艺参数组合。传统数据利用方法是通过统计分析方法或田口方法进行手工分析计算，利用专家个人知识经验具体问题具体分析，提高工艺设计质量。信息化条件下更加高效的方法是建立专家知识库软件模型，开发专用的工艺参数工具软件，把个人知识提升成团队知识，通过完善计算机软件和积累数据库数据，普遍提高工艺人员工艺设计质量。

6.2 软件需求

铝合金材料搅拌摩擦焊工艺设计，既要考虑焊接工装和搅拌头，还要考虑各种焊接工艺参数，包括焊接速度、搅拌头旋转速度、搅拌头倾斜角度、搅拌头压入深度等。各种工艺参数存在相互影响，如：焊接速度的选择要根据所焊材料的类型、板材厚度、接口形式以及搅拌头旋转速度而定，通常较高的搅拌头旋转速度要求使用相对较高的焊接速度，从而达到控制热输入量的目的，但是，过高的焊接速度会导致焊缝内材料流动性变差而产生焊接缺陷。因此，焊接速度的选择通常要兼顾焊接接头的质量、焊接质量、生产效率等因素综合考虑。传统工艺设计方法是利用统计分析方法或田口方法进行手工分析计算，适用于工艺专家处理某一产品工艺设计，不具有普遍性。信息化条件下，需要对所有工艺人员和所有产品进行知识传递和知识共享。较好的方法是利用系统工程和知识工程的一般规律，建立软件模型，开发工具软件，利用软件自动进行分析计算，降低知识利用门槛，普遍提高工艺人员工艺设计质量。

6.3 软件模型

根据铝合金材料搅拌摩擦焊工艺参数多、参数相互影响多、计算多的工艺特点，工艺参数工具软件模型分为两类：一类是工程经验公式计算模型，一类是数据库存储检索模型。工程经验公式计算模型，是把总结的工程经验公式算法固化到软件中，用户录入有效数值后，软件利用算法直接在服务器上运算，运算出结果后实时输出给用户。在工程经验公式计算模型中，软件只运算不存储数据，优点是软件设计简单、支持小数位运算，缺点是只计算关键工艺参数，数据不丰富。数据库存储检索模型，是管理员把常用的工艺参数组合进行整理，格式化后预先存储在数据库中，用户利用查询工具在数据库中检索，查询出结果后输出给用户。数据库存储检索模型，软件需要预先存储数据，优点是工艺参数丰富，缺点是前期数据整理有较大工作量。软件设计需支持两种软件模型同时处理，并行计算，共同输出参考结果给工艺设计人员进行工艺决策。

6.3.1　工程经验公式计算软件模型

工程经验公式计算软件模型的数据处理过程是：用户录入输入条件，软件利用固化的工程经验公式算法自动计算输出结果并显示输出结果给用户。在工程经验公式计算软件模型中，工程经验公式算法是个关键。例如：一种搅拌针的长度算法：当板材的厚度 δ 不为整数时，搅拌针的长度根据实际的厚度 δ 进行选择，即当 $\delta \leqslant 5$mm 时，焊接对接接头时，搅拌针长度为 L，则 $L=\delta-0.2$，焊接搭接接头和 T 型接头时，则 $L=\delta+0.2$；当 $5<\delta \leqslant 20$ mm，焊接对接接头时，则 $L=\delta-0.3$，焊接搭接接头和 T 型接头时，则 $L=\delta+0.3$；当 $20<\delta \leqslant 25$ 时，焊接对接接头时，则 $L=\delta-0.5$，焊接搭接接头和 T 型接头时，则 $L=\delta+0.5$。其他输出选项，则按照四舍五入的方式选择邻近的输出参数。其搅拌针的长度算法软件模型如图 6-1 所示。

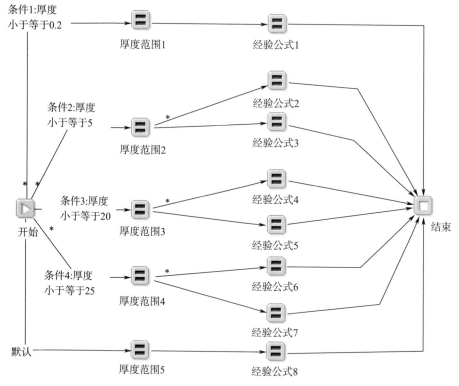

图 6-1　搅拌针的长度算法软件模型

6.3.2　数据库存储检索软件模型

数据库存储检索软件模型的数据处理过程是：管理员把常用的工艺参数格式化后存储在数据库中，用户录入输入条件，软件在数据库中检索查询输出结果并显示输出结果给用户。在数据库存储检索软件模型中，数据存储类型是关键。数据库模型分为输入条件和输出结果两部分。输入条件包括：材料、厚度、接头形式。输出条件包括搅拌头参数和焊接参数，搅拌头参数进一步细分为：轴肩直径、搅拌针根部直径、搅拌针长度、搅拌针半锥角、搅拌针表面形貌。焊接参数进一步细分为：旋转速度、焊接速度、搅拌头倾角。综合分析摩擦焊工艺参数数据特点，设计了摩擦焊材料模型、摩擦焊材料厚度模型、摩擦焊接头形式模型和摩擦焊工艺参数库模型四个模型，其软件数据库模型如表 6-1～表 6-4 所示。

表 6-1　摩擦焊材料模型

序号	中文名	英文名	数据类型	备注
1	材料	MATERIA	字符型	不允许空值

表 6-2　摩擦焊材料厚度模型

序号	中文名	英文名	数据类型	备注
1	厚度	THICKNESS	数值型	不允许空值

表 6-3　摩擦焊接头形式模型

序号	中文名	英文名	数据类型	备注
1	接头形式	TIE_FORM	字符型	不允许空值

表 6-4　摩擦焊工艺参数库模型

序号	中文名	英文名	数据类型	备注
1	主键	FSWID	数值型	不允许空值
2	材料	INPUT_MATERIA	字符型	
3	厚度 δ/mm	INPUT_THICKNESS	数值型	
4	轴肩直径/mm	JBT_D1	数值型	
5	搅拌针根部直径/mm	JBT_D2	数值型	
6	搅拌针长度/mm	JBT_LENGTH	数值型	
7	搅拌针半锥角/(°)	JBT_A1	数值型	
8	搅拌针表面形貌	JBT_SURFACE	字符型	
9	旋转速度/(r/min)	WELD_ROTATE_VELOCITY	数值型	
10	焊接速度/(mm/min)	WELD_VELOCITY	数值型	
11	搅拌头倾角/(°)	WELD_A2	数值型	
12	接头形式	INPUT_TIE_FORM	字符型	

6.4　软件开发

软件模型确定后，可以使用任意数据库网络编程工具开发。工具软件使用上海普元公司出品的 EOS6.2 软件开发平台进行软件开发。软件开发过程主要分为三个部分：数据模型开发、逻辑构件开发、展现页面开发。

6.4.1　数据模型开发

数据模型开发是软件开发的第一步，把设计的软件模型转化为可执行的数据模型，底层代码为 Hibernate 格式的 XML 文件，数据模型开发示意如图 6-2 所示。

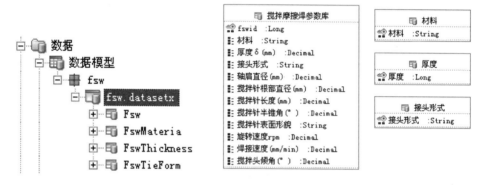

图 6-2　数据模型开发

6.4.2　逻辑构件开发

逻辑构件开发是软件开发的第二步，根据数据库存储检索软件模型，实现数据的增、删、改、查等系统功能，根据工程经验公式计算软件模型，实现数据运算功能，底层代码为标准的 XML 文件，逻辑构件开发示意图如图 6-3 所示。

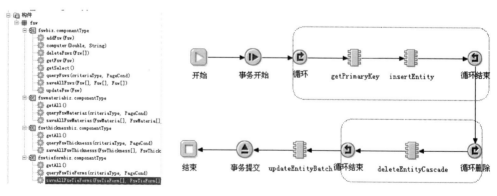

图 6-3　逻辑构件开发

6.4.3　展现页面开发

展现页面开发是软件开发的第三步，根据逻辑构件设计人机交互的显示界面，底层代码为标准的 JSP 文件，展现页面开发示意图如图 6 - 4 所示。

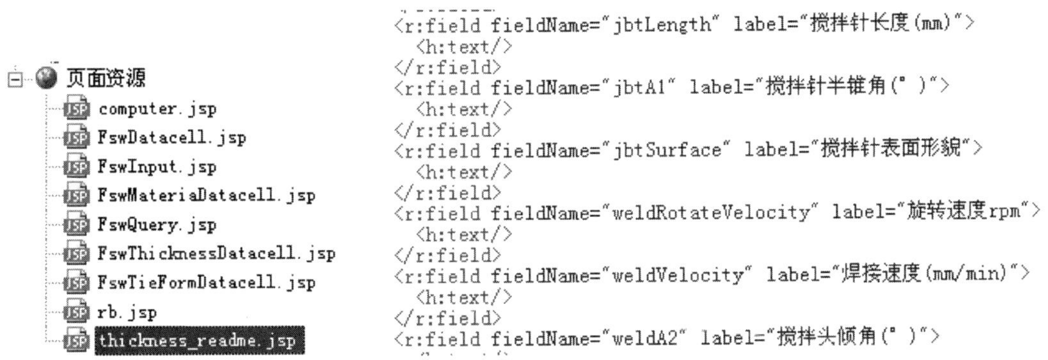

```
□ ● 页面资源
    JSP computer.jsp
    JSP FswDatacell.jsp
    JSP FswInput.jsp
    JSP FswMateriaDatacell.jsp
    JSP FswQuery.jsp
    JSP FswThicknessDatacell.jsp
    JSP FswTieFormDatacell.jsp
    JSP rb.jsp
    JSP thickness_readme.jsp
```

```
<r:field fieldName="jbtLength" label="搅拌针长度(mm)">
    <h:text/>
</r:field>
<r:field fieldName="jbtA1" label="搅拌针半锥角(°)">
    <h:text/>
</r:field>
<r:field fieldName="jbtSurface" label="搅拌针表面形貌">
    <h:text/>
</r:field>
<r:field fieldName="weldRotateVelocity" label="旋转速度rpm">
    <h:text/>
</r:field>
<r:field fieldName="weldVelocity" label="焊接速度(mm/min)">
    <h:text/>
</r:field>
<r:field fieldName="weldA2" label="搅拌头倾角(°)">
```

图 6 - 4　展现页面开发

6.5　软件配置

6.5.1　数据准备

在数据库存储检索软件模型中，需要管理员通过 Excel 导入或在线录入的方式预先把摩擦焊材料数据、材料厚度数据、摩擦焊接头形式数据、摩擦焊工艺参数数据四类数据存储到数据库，软件才能正常工作。摩擦焊材料数据，如：2A12 铝合金、2A70 铝合金、5A03 铝合金等。材料厚度数据，如：3、4、5 等。摩擦焊接头形式数据，如：T 型接头、搭接接头、对接接头。摩擦焊工艺参数数据，如：2A70 铝合金、15.6、30、14、15.9、10、螺纹和三斜槽、350、200、2.5、T 型接头等。

6.5.2　权限配置

工艺参数工具软件定位为知识库管理软件，按权限需配置两个角色：管理员和用户。管理员角色负责数据的增加、删除、修改等数据维护，一般由单位信息化人员承担，用户角色负责数据的读取，一般由单位工艺人员承担。权限配置如表 6 - 5 所示。

表 6 - 5　权限配置

序号	角色名称	权限说明	备注
1	管理员	数据增加、删除、修改权限	信息化人员
2	用户	数据读取权限	工艺人员

6.6　软件界面

软件界面是软件人机交互的入口，分为用户界面和管理员界面。用户界面由拥有管理员角色人员使用，按软件配置一般是工艺人员使用，管理员界面由拥有管理员角色的人员使用，按软件配置一般由信息化人员使用。

6.6.1　用户界面

用户界面为单一页面，用户导航到此页面即可使用。用户在页面上方的输入条件框中录入材料、厚度、接头形式等条件数据，点击"按录入条件查询"，即可在页面中间输出结果框显示搅拌头参数和焊接参数，同时，在页面下方经验公式说明框中显示经验公式计算结果。页面中间搅拌头参数一级的栏目下面包括：轴肩直径、搅拌针根部直径、搅拌针长度、搅拌针半锥角、搅拌针表面形貌 5 个二级栏目，焊接参数一级栏目下面包括：旋转速度、焊接速度、搅拌头倾角 3 个二级栏目。其具体界面如图 6-5 所示。

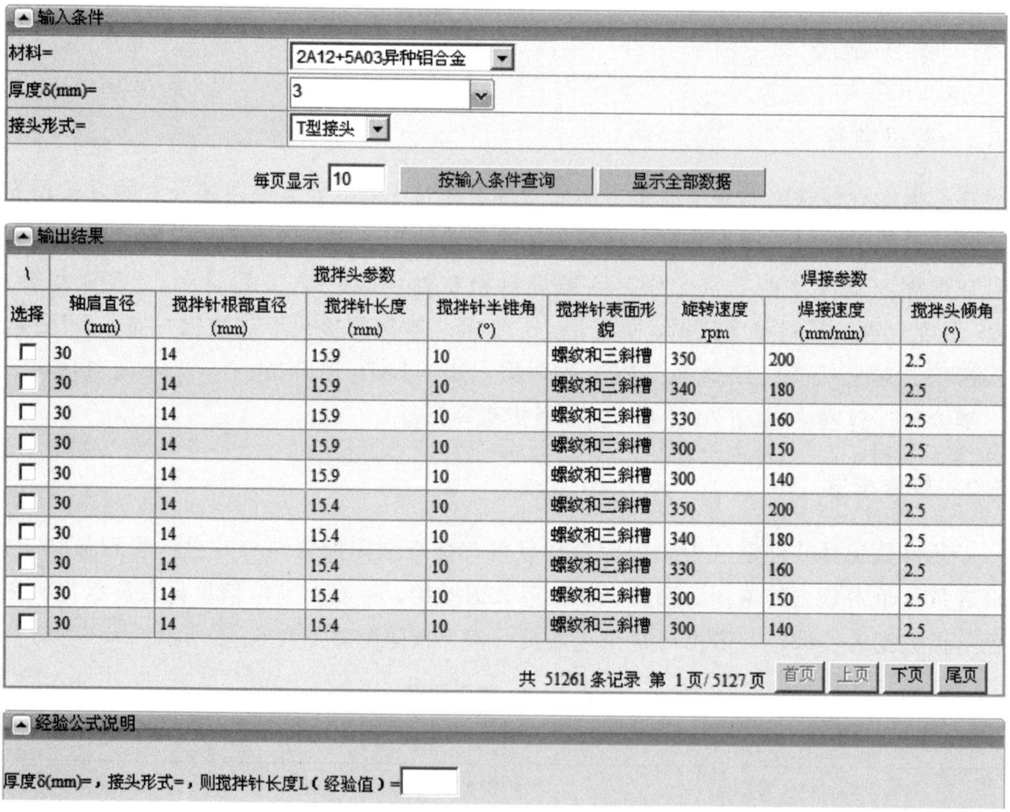

▲ 输入条件			
材料=	2A12+5A03异种铝合金 ▼		
厚度δ(mm)=	3 ▼		
接头形式=	T型接头 ▼		
	每页显示 10	按输入条件查询	显示全部数据

▲ 输出结果

选择	搅拌头参数					焊接参数		
	轴肩直径(mm)	搅拌针根部直径(mm)	搅拌针长度(mm)	搅拌针半锥角(°)	搅拌针表面形貌	旋转速度 rpm	焊接速度(mm/min)	搅拌头倾角(°)
☐	30	14	15.9	10	螺纹和三斜槽	350	200	2.5
☐	30	14	15.9	10	螺纹和三斜槽	340	180	2.5
☐	30	14	15.9	10	螺纹和三斜槽	330	160	2.5
☐	30	14	15.9	10	螺纹和三斜槽	300	150	2.5
☐	30	14	15.9	10	螺纹和三斜槽	300	140	2.5
☐	30	14	15.4	10	螺纹和三斜槽	350	200	2.5
☐	30	14	15.4	10	螺纹和三斜槽	340	180	2.5
☐	30	14	15.4	10	螺纹和三斜槽	330	160	2.5
☐	30	14	15.4	10	螺纹和三斜槽	300	150	2.5
☐	30	14	15.4	10	螺纹和三斜槽	300	140	2.5

共 51261 条记录　第 1 页/ 5127 页　首页 上页 下页 尾页

▲ 经验公式说明

厚度δ(mm)=，接头形式=，则搅拌针长度L（经验值）=▢

图 6-5　用户界面

6.6.2　管理员界面

管理员为多页页面，管理员导航到此页面即可使用。管理员通过多个专用页面维护材料、厚度、接头形式、搅拌头参数和焊接参数等数据。其具体界面如图 6-6 所示。

图 6-6　管理员界面

6.7　软件说明

铝合金材料搅拌摩擦焊工艺参数工具软件，是一种专用的知识库软件，根据铝合金材料搅拌摩擦焊工艺特点专项定制开发，其实用性依赖于工程经验公式和工艺参数组合数据量积累。现阶段，工程经验公式主要是搅拌针长度计算公式，工艺参数组合数据量已积累到 50 000 余条，基本满足日常铝合金材料搅拌摩擦焊工艺参数设计需要。

参 考 文 献

［1］ 关桥．搅拌摩擦焊——未来的连接技术［D］．焊接论文集，第一部分技术发展，2－6．

［2］ PACKER S. et al. Tool 8nd equipment requirements for fsw ferrous and other high melting temperature alloys. Proc. of the 4th Int'l［J］. Symp. on FSW. Park City，USA，2003.

［3］ 郁炎．国内外搅拌摩擦焊用搅拌头的研究现状及发展趋势［J］．材料开发与应用，2013（6）：111－118.

［4］ 贺永海．张立武搅拌摩擦焊用搅拌头的研究进展［J］．航天制造技术，2005，10（5）：47－51.

［5］ 薛朝改．铝铜搅拌摩擦焊工艺及其人工神经网络优化的研究［D］．西北工业大学，2002.

［6］ 丁文兵，童彦刚，朱飞，冉洋，陈康．搅拌摩擦焊搅拌头的研究现状［J］．激光杂志，2013，34（6）：5－7.

［7］ THOMAS W M，NICHOLAS E D，SMITH S D. Friction stir welding－tool development［Z］. Paper presented at the aluminum joining symposia during the 2001 TMS annual meeting，2001（2）：11－15.

［8］ 周利，刘会杰，刘鹏．高熔点材料搅拌摩擦焊用焊具的研究［J］．焊接，2007（8）：19－23.

［9］ COLEGROVE P A，THREADGIL P L. Development of the trivextm friction stir welding tool［J］. Sicence and Technology of Welding and Joining，2003（13）：18－26.

［10］ 北京赛福斯特技术有限公司．搅拌摩擦焊专题之搅拌头（下）［J］．现代焊接，2006（8）：29－30.

［11］ 王大勇，冯吉才，王攀峰．搅拌摩擦焊用搅拌头研究现状与发展趋势［J］．焊接，2004（6）：6－10.

［12］ 朱亚萍，刘宪力．大型贮箱结构及工艺性研究［J］．航天制造技术，2011（3）：42－45.

［13］ 姚君山，徐萌，等．推进剂贮箱先进焊接工艺研究进展［J］．航空制造技术，2008（8）：32－35.

［14］ 冯叶素．航天运载器铝合金贮箱搅拌摩擦焊技术研究［D］．哈尔滨工业大学，2014.

［15］ 董春林，栾国红，关桥．搅拌摩擦焊在航空航天工业的应用发展现状与前景［J］．焊接，2008（11）：25－31.

［16］ 栾国红，关桥．搅拌摩擦焊-革命性的宇航制造新技术［J］．航天制造技术，2003（4）：16－23.

［17］ 叶结和．不锈钢搅拌摩擦焊工艺与搅拌头研究［D］．兰州理工大学，2007.

［18］ 姚君山，张彦华，王国庆，孟凡新．搅拌摩擦焊技术研究进展［J］．宇航材料工艺，2003（4）：24－29.

［19］ 赵衍华，林三宝，吴林，冯吉才．搅拌摩擦焊应用及设备简介［J］．电焊机，2004（1）：7－11.

［20］ 何建军，刘明宇，杨宗辉．搅拌头-搅拌摩擦焊的心脏［J］．电焊机，2004（1）：24－26.

［21］ 李敬勇，亢晓亮，赵阳阳．搅拌头几何特征对搅拌摩擦焊试板温度场的影响［J］．航空材料学报 2013（1）：28－32.

［22］ 李宝蓉，张丽娜．H－2B运载火箭贮箱制造技术与应用［J］．航天制造技术，2008（5）：35－37.

［23］ 刘希敏，熊焕，王爱民，郑卫东．国外大型火箭贮箱结构与制造工艺［C］．中国宇航学会首届学

术年会，2005：225 - 229.

[24] 柴鹏，贺巧喜，孙成彬，栾国红．宇航燃料贮箱的搅拌摩擦焊制造 [C]．第二届搅拌摩擦焊国家会议，2012：604 - 609.

[25] 李辉，栾国红．薄壁铝合金筒体搅拌摩擦焊设备研究．先进焊接/连接技术国际研讨会，2005：65 - 69.

[26] 北京赛福斯特 2013 重大新闻 [J]．现代焊接，2014，133（X）：19 - 21.

[27] 世界搅拌摩擦焊焊接长度之最——列车车体大型结构搅拌摩擦焊设备成功交付 [J]．现代焊接，2012（4）：8 - 9.

[28] 张正兵，李晓娜．机器人在焊接中的应用 [J]．电焊机，2008，38（6）：44 - 47.

[29] 中国首台机器人搅拌摩擦焊系统推介会在京召开 [J]．现代焊接，2013，128（X）：24 - 25.

[30] IWASHI, TOMONOBU（Mazda Motor）. Method of Spot Jointing and Spot Jointing Apparatus：Japanese patent No. JP2001314983 [P] .2001（11）：13.

[31] 白冰，刘伟，等．搅拌摩擦缝超声相控阵检测方法 [J]．宇航材料工艺，2012（增 I）：149 - 154.

[32] B ALBERT，E ROBERT，JR GREEN. 美国无损检测手册（超声上卷）[M]．王文忠，李家伟，译．世界图书出版公司，1996：135 - 151.

[33] 李家伟，陈积懋．无损检测手册 [M]．北京：机械工业出版社，2002：224 - 230.

[34] 史亦韦，何双起，林猷文．超声检测 [M]．北京：机械工业出版社，2008：40 - 45.

[35] GJB1580A - 2004．变形金属超声检验方法．

[36] 龚炼红，张凯．铝合金搅拌摩擦焊接接头内部缺陷超声检测 [J]．宇航材料工艺，2012（增 I）：191 - 198.

[37] QJ20045 - 2011．铝合金搅拌摩擦焊超声相控阵检测方法．

[38] 郑世才，赵起良．射线检测 [M]．北京：机械工业出版社，2004.

[39] GJB1187A - 2001．射线检验．

[40] Q/QJB175 - 2010．铝合金材料搅拌摩擦焊典型缺陷 X 射线照相图谱．

[41] 李宝华，陈莹，唐众民，鄢江武．搅拌摩擦焊收焊匙孔填补的研究 [J]．热加工工艺，2010，39（23）：144 - 146.

[42] 范开春，郭辉荣，李宝华，唐众民．焊接方式对铝合金搅拌摩擦焊 T 型接头性能的影响 [J]．宇航材料工艺，2013（3）：81 - 83.

[43] 魏宝华，李宝华，鄢江武，唐众民，连鸣，沈明明．搅拌摩擦焊常见表面缺陷及其控制措施 [J]．热加工工艺 ，2013，42（17）：213 - 215.

[44] 张凯，李宝华，唐众民，鄢江武．铝合金搅拌摩擦焊缝断裂方式的研究 [J]．航天制造技术，2011（6）：29 - 32.

[45] 魏宝华，李宝华，唐众民，鄢江武．焊接速度对搅拌摩擦焊缝组织及性能的影响 [J]．兵器材料科学与工程，2013，36：（4），68 - 70.

[46] 鄢江武，李宝华，唐众民，沈明明．焊接道次对厚板铝合金搅拌摩擦焊缝组织性能的影响 [J]．电焊，2014，44（4）：6 - 9.

[47] 李宝华，唐众民，鄢江武，陈莹．单位线能量对搅拌摩擦焊接头形貌的影响 [J]．兵器材料科学与工程，2010 ，33（4）：35 - 38.

[48] 何志宏，李宝华，唐众民，鄢江武．2A70 - T6 铝合金 T 型接头搅拌摩擦焊工艺研究 [J]．兵器材

料科学与工程, 2011, 34 (5): 78 - 81.

[49] 李宝华, 唐众民, 鄢江武, 陈莹. 5A06 铝合金厚板搅拌摩擦焊工艺研究 [J]. 热加工工艺, 2011, 40 (11): 152 - 154.

[50] 李宝华, 唐众民, 鄢江武, 魏宝华, 陈莹. 焊接方法对 5A06 铝合金厚板焊缝接头性能的影响 [J]. 航天制造技术, 2011 (1): 34 - 37.

[51] 鄢江武, 沈明明, 李宝华, 方文斌. 5A06 铝合金无匙孔搅拌摩擦焊回抽速度的影响分析研究 [J]. 热加工工艺, 2014, 43 (15): 193 - 198.